Confinamento de Bovinos de Corte

EDITORES
ARISTEU MENDES PEIXOTO
JOSÉ CARLOS DE MOURA
VIDAL PEDROSO DE FARIA

Confinamento de Bovinos de Corte

EDITORES
ARISTEU MENDES PEIXOTO
JOSÉ CARLOS DE MOURA
VIDAL PEDROSO DE FARIA

FEALQ

© FUNDAÇÃO DE ESTUDOS AGRÁRIOS
LUIZ DE QUEIROZ — FEALQ

Av. Centenário, 1080
13416-000 Piracicaba, SP, Brasil

Fone: 19-3417-6609
Fax: 19-3422-2755

livros@fealq.org.br
fealq.org.br

Dados Internacionais de Catalogação na Publicação
DIVISÃO DE BIBLIOTECA – Esalq/USP

Peixoto, Aristeu Mendes
Confinamento de bovinos de corte / Aristeu Mendes Peixoto, José Carlos de Moura e Vidal Pedroso de Faria. - - Piracicaba: FEALQ, 2012.
152 p. : il.

Bibliografia.

1. Bovinos de corte 2. Confinamento animal I. Moura, J.C. de II. Faria, V. P. de III.Título

CDD 636.213
P379c

ISBN 978-85-7133-074-0

Sumário

Flávio Augusto Portela Santos[1]
Marco Antonio Alvares Balsalobre[2]

Por que confinar?

1. Introdução

A estabilização econômica brasileira, a partir de 1994, com a implantação do Plano Real, assim como a globalização da economia têm contribuído para dar início a um processo de transformação da pecuária de corte brasileira. Manejo intensivo de pastagens, suplementação durante a estiagem, cruzamentos industriais, difusão de touros superiores pela inseminação artificial e terminação de animais em confinamento são técnicas cada vez mais conhecidas dos pecuaristas brasileiros. Apesar de estarmos longe do ideal, há claros indícios de que mudanças vêm ocorrendo no setor de forma positiva.

2. Integração da atividade na propriedade

O perfil do pecuarista de gado de corte, principalmente no Brasil Central, vem se alterando ao longo dos anos e é cada vez maior a tendência de o produtor de grãos (soja e milho) passar a integrar

1. Professor doutor do Departamento de Produção Animal da Esalq/USP.
2. Aluno do curso de doutorado do Departamento de Produção Animal da Esalq/USP.

à sua fazenda a produção de carne. Podem-se citar diversas razões para essa atitude. Uma delas é que, devido à redução dos créditos rurais dos agentes financeiros, a venda de animais terminados em confinamento no segundo semestre pode constituir-se em importante fonte de receita, justamente no momento em que se tem a necessidade de adquirir insumos agrícolas para o plantio da nova safra. Por outro lado, a venda da safra agrícola no primeiro semestre permite a capitalização do agricultor para a compra de boi magro, no período em que a oferta de animais é boa.

O aumento considerável de áreas cultivadas como segunda cultura, ou safrinha, pode ser apresentado também como um motivo para a aquisição de animais por agricultores, pois, sem prejudicar a safra agrícola principal (outubro a março), a safrinha, principalmente de milho, sorgo e milheto, garante um bom armazenamento de alimento, tanto de concentrado como de volumoso. Desse modo, a venda de carne é uma forma de agregar valor ao alimento produzido a custos mais baixos.

As fazendas tradicionais que utilizam níveis elevados de tecnologia na agricultura não enfrentam dificuldades em aplicá-los também na pecuária. Desse modo, os novos pecuaristas passam a fazer uso de adubações de pastagem, cercas eletrificadas, pastejo rotacionado e suplementações concentradas. Essas práticas fazem aumentar a capacidade de suporte da fazenda durante o verão, e assim o confinamento no inverno passa a ser um instrumento essencial no sistema de produção, possibilitando a manutenção de lotação animal alta o ano todo.

Um exemplo de integração agricultura-pecuária é a fazenda Santa Fé, localizada no município de Acreúna, GO, região conhecida pela produção de grãos. Essa propriedade possui 1.400 hectares, e 1.030 hectares são destinados à produção de grãos, 350 a pastagens e 20 à cana-de-açúcar utilizada na alimentação dos bovinos no período de confinamento. Aproximadamente 1.200 animais em recria são mantidos em 250 hectares adubados e em outros 100 hectares não adubados, permanecendo ambas as áreas sob pastejo rotacionado durante o verão. No inverno, cerca de 1.000 animais são terminados em confinamento; dessa forma, é possível atingir um desfrute maior que 80%. Além da cana-de-açúcar, mais 70 hectares de sorgo são plantados para silagem; dependendo do ano agrícola, o sorgo pode ser plantado como primeira cultura ou como safrinha. Do concentrado utilizado no confinamento, composto de farelo de soja, sorgo, ureia e minerais, cerca de 80% é produzido na propriedade. O sorgo é cultivado como safrinha e, desta forma, não prejudica a produção de milho, soja e algodão, que são as culturas principais.

Considerando uma produção de 50 sacos de soja por hectare (3.000 kg/ha) e o valor de R$ 16,00/saco (US$ 9,00/saco), a receita da área agrícola seria de R$ 824.000,00, enquanto a venda de 1.000 animais possibilitaria uma receita de R$ 510.000,00. Esses valores significariam R$ 800,00/ha e R$ 1.378,00/ha na agricultura e na pecuária, respectivamente.

A prática do pastejo rotacionado em áreas adubadas também por fazendas tradicionais em pecuária provoca aumento de lotação no verão, o que causa grande desequilíbrio na capacidade de suporte da fazenda durante o inverno. A reserva de alimentos nos períodos de maior disponibilidade de forragem se torna necessária para que a lotação da propriedade mantenha-se alta o ano todo. Essa reserva de forragem pode ser sob a forma de pastejo diferido, adubado ou não. A prática de diferimento é proveitosa, desde que a lotação não ultrapasse valores em torno de 2 UA/ha.ano^{-1}. Valores acima de 2 UA/ha.ano^{-1} não podem ser mantidos apenas com diferimento. Nesses casos deve-se introduzir algum alimento conservado, por exemplo, silagem de capim, milho, sorgo, milheto etc., ou capineiras de cana-de-açúcar.

A pecuária de corte localizada em áreas agroindustriais pode fazer uso de resíduos dessa agroindústria. No Brasil, a utilização de resíduos volumosos mais divulgada é a do bagaço de cana-de-açúcar. Algumas fazendas localizadas próximo às indústrias de açúcar e álcool fazem uso desse resíduo. O bagaço de cana-de-açúcar, quando sai da moagem, é submetido a um tratamento com pressão e vapor que facilita sua digestibilidade. Essa melhora de qualidade do volumoso é suficiente para promover bons ganhos de peso em animais confinados, desde que o devido balanceamento da dieta seja feito.

A partir dos anos de 1980, algumas usinas e destilarias passaram a ter seus próprios confinamentos e introduziram uma prática até então pouco divulgada no país: o hotel de boi. O pecuarista leva os seus animais para o confinamento e paga uma diária ou porcentagem do ganho de peso para o proprietário do sistema, por exemplo, uma usina. Com isso, o pecuarista passa a ter mais uma opção para confinar seus animais, sem a necessidade de produzir alimentos em sua fazenda. Estima-se que entre 100 e 150 mil bovinos são alimentados com bagaço tratado com pressão e vapor no país (Bürgi, 1995).

Outra utilização divulgada mais recentemente é a do resíduo de enlatados, por exemplo, o milho verde. A indústria aproveita apenas o grão do milho, sobrando como resíduo todo o pé (haste e folhas), o sabugo e a palha da espiga; esse material é ensilado e utilizado como volumoso em confinamento (Henrique e Bose, 1995).

3. Confinamento como prática de manejo

As condições climáticas do Brasil Central se caracterizam por um período chuvoso com altas temperaturas e um inverno com pouca precipitação e temperaturas noturnas baixas o suficiente para comprometer o ritmo de crescimento da planta forrageira tropical. Os índices anuais de precipitação pluviométrica são superiores a 1.000 milímetros, e em sua maior parte coincidem com o período de alta temperatura. A distribuição disforme desses dois fatores de crescimento (água e temperatura) provoca a má distribuição da taxa de acúmulo diário da forragem, caracterizando o que se denomina de sazonalidade de produção de forragem.

A pesquisa tentou, por meio do melhoramento genético, selecionar plantas forrageiras com características que minimizassem o efeito da sazonalidade, mas os melhores resultados não apresentaram uma distribuição melhor que 20% no inverno e 80% no verão.

Dessa forma, sistemas que objetivam maiores lotações de forragem são obrigados a fazer suplementação volumosa no período de menor disponibilidade de forragem. O confinamento de animais de terminação seria o mais aconselhado nesse caso, embora existam sistemas de produção com propostas de confinar animais desmamados até a engorda, ou seja, confinamento de recria e engorda.

Os sistemas de produção que preconizam o abate de animais mais precocemente (12 a 18 meses de idade), recriados e terminados em confinamento, requerem a suplementação desses animais também durante o período em que estão mamando, em sistemas conhecidos por *creep-feeding*. Este nada mais é que um local na área de pastejo onde é permitida a entrada apenas do bezerro e não de sua mãe, a fim de consumir alimento concentrado.

No estudo conduzido por Anderson (1978) (Quadro 1), observou-se que a suplementação via *creep-feeding* permitiu a desmama de animais 11,5% (253 × 227 kg) mais pesados do que os não suplementados. O ganho de peso durante a fase de recria-engorda em confinamento foi inicialmente maior para os animais suplementados via *creep-feeding*, porém o ganho de peso médio final em confinamento não foi diferente entre os dois grupos. A vantagem do uso do *creep-feeding* foi propiciar maior peso aos animais na entrada do confinamento e, consequentemente, um menor tempo confinado para atingir o peso de abate (213 × 244 dias).

Quadro 1. Desempenho de animais confinados após desmama, alimentados pelo *creep-feeding* e sem suplementação.

Itens	*Creep-feeding*	Sem suplementação
Peso na desmama (kg)	253	227
Ganho de peso do confinamento (kg/dia)	1,08	1,06
Conversão alimentar (kg MS/kg ganho)	7,9	7,8
Ganho de peso no 1° mês do confinamento	1,23	0,77
Peso final (kg)	483	486
Período de confinamento (dias)	213	244

Fonte: Anderson (1978).

O menor período de confinamento dos animais suplementados durante a amamentação pode reduzir o custo de produção do boi gordo, pois um mês a menos de confinamento é significativo em relação ao aspecto econômico. Chardulo (1997), citado por Arrigoni et al. (1998), trabalhou com três categorias de animais confinados após a desmama e suplementados pelo *creep-feeding* e verificou que o período de confinamento foi de 160, 130 e 160 dias para animais meio-sangue, *threecross* machos e fêmeas, respectivamente. Esses animais apresentaram peso de abate de 460, 460 e 435 quilos, respectivamente, com idades de abate próximas de 16 a 18 meses.

O sistema de abate de animais com idade entre 12 e 18 meses preconiza a não castração e o abate com peso próximo de 450 quilos. As características da carne desses animais é baixa porcentagem de gordura e pequena espessura da camada externa de gordura, podendo comprometer a qualidade da carne em termos de maciez e sabor. Uma adequada cobertura de gordura é importante para evitar que ocorra um resfriamento muito rápido e intenso da carcaça, causando o encurtamento das fibras da carne, fenômeno conhecido por *cold shortenning*, prejudicando assim a maciez do produto. Além desse aspecto, o mercado consumidor brasileiro prefere cortes especiais (picanha, alcatra e contrafilé) com gordura (Junqueira e Alleoni, 1998). A preferência ditada pelo consumidor nacional, em termos de carne magra ou não, é um fator decisivo para tornar viável a produção de bovinos com idade entre 12 e 18 meses.

Em nossas condições, em que os valores históricos da arroba do boi gordo têm se situado entre U$ 18,00 e US$ 25,00, com ausência de classificação e tipificação de carcaça, baixa disponibilidade para aquisição de novilhos com bom potencial genético e uso de dietas ricas em forragens, a maioria dos confinamentos nacionais tem optado por animais com idade mais avançada, explorando o crescimento compensatório e períodos curtos de terminação em confinamento.

Crescimento compensatório é a recuperação de peso de animais que passaram por um período de restrição alimentar, o qual provocou menor ganho ou perda de peso. Essa característica pode permitir que o animal alcance tamanho similar ao do animal que apresentou crescimento contínuo. Algumas hipóteses são formuladas para explicar o crescimento compensatório: aumento do consumo voluntário; redução da exigência de manutenção; aumento na eficácia metabólica e mudanças na composição do ganho, de maneira a reduzir o conteúdo energético dos tecidos acumulados (Sainz, 1998).

Dessa forma, o crescimento compensatório em programas de confinamento deve ser levado em consideração, pois os ganhos são substanciais. A compra de animais com baixa condição corporal no período do confinamento é interessante, sendo que o pagamento de ágio no valor da arroba desses animais não deve ser limite para sua aquisição. Segundo Sainz (1995), novilhos que haviam passado por um período inicial de restrição de consumo de matéria seca, no qual os ganhos de peso foram de 690 g/cabeça.dia, apresentaram crescimento compensatório quando alimentados posteriormente sem restrição, com ganhos de 1.920 g/cabeça.dia. Comparando com animais sem restrição alimentar que atingiram ganhos de 1.960 e 1.220 g/cabeça.dia, respectivamente, para a fase inicial e subsequente, houve maior conversão alimentar para os animais com ganho compensatório: 30%. Considerando que a alimentação representa 80% ou mais do custo de produção em confinamento no Brasil, uma melhor conversão alimentar significa redução expressiva nesse custo.

Por outro lado, animais que apresentam ganho de peso mais elevado antes de serem confinados podem ter ganho menor e pior conversão alimentar quando confinados, comparados com animais vindos de sistemas com alguma restrição alimentar.

Considerando a preferência do mercado por uma carne com maior teor de gordura e também as exigências dos sistemas de produção de gado de corte, visando obter animais para o abate com pelo menos 24 meses, a escolha pela raça bovina ou pelo cruzamento deve priorizar um animal precoce. A precocidade é definida pela capacidade de acúmulo de gordura e não pelo ganho de peso corporal. Dessa forma, é precoce o animal que atinge o peso adulto rapidamente. O conceito de peso adulto pode ser definido quando o animal atinge 25% de gordura, ou quando ele passa a ter ganho de peso proveniente apenas do aumento de gordura (Lanna e Packer, 1998).

A exploração do crescimento compensatório em sistemas que utilizam melhoramento animal com raças muito precoces pode ser problemática. Esses animais têm exigências nutricionais elevadas e um período de subnutrição pode retardar em demasia seu crescimento (Lanna e Packer, 1998).

A suplementação de animais com alimentos concentrados durante o verão em pastagens tropicais promove maior ganho de peso, mas o efeito de ganho compensatório pode não ocorrer durante o confinamento e, dependendo do sistema de produção utilizado, essa prática de manejo pode não ser interessante. Porém, a vantagem do maior ganho de peso no verão está na redução do período de confinamento, pois os animais entrariam nele com maior peso e, assim, sua permanência seria menor nesse sistema.

Os resultados de ganho de peso a pasto com suplementação durante o verão necessitam ser mais bem estudados. Em um trabalho realizado em pastagens de *Braquiaria decumbens* no sistema rotacionado em área adubada, onde a lotação animal foi de 3,49 UA/ha, o consumo de 776 g (2,38 g/kg de peso) de um suplemento proteico e energético promoveu aumento de ganho de peso de 139 g/cabeça.dia, quando comparado ao ganho de peso de animais não suplementados, que foi de 565 g/cabeça.dia (Balsalobre et al., 1999). Nesse caso, os animais suplementados atingiram um peso de aproximadamente 25 quilos a mais em relação à testemunha, o que significa 25 dias a menos no confinamento. Portanto, a suplementação durante o verão pode ser usada como instrumento de manejo, que reduz o tempo de confinamento e traz maior lucratividade ao sistema de produção como um todo.

4. Confinamento como atividade específica

O confinamento, em nossas condições, não deve ser avaliado como atividade isolada, pois, ao contrário do que ocorre nos Estados Unidos, nossos confinamentos foram criados para resolver o problema de estacionalidade da produção forrageira, e não por causa do excedente de grãos, como ocorre naquele país. No Brasil, devido ao custo de produção e preço da carne, períodos de confinamento maiores que 120 dias são inviáveis, enquanto nos Estados Unidos o confinamento ocorre o ano todo, e não apenas na entressafra, realizado por confinadores que só têm essa atividade e que recebem bois dos pecuaristas. Em nosso país, os confinamentos são, na verdade, mais uma atividade dentro da própria fazenda.

Tanto no Brasil como nos Estados Unidos, o concentrado é o componente de maior valor na composição do custo, mas lá os confinamentos se caracterizam pelo uso de grandes quantidades de concentrado na dieta (acima de 80% na matéria seca). Isso torna viáveis os grandes confinamentos, e não é difícil encontrar instalações com mais de 100 mil animais, enquanto aqui um confinamento de mais de 3 mil animais é considerado grande. Portanto, a ausência de grandes confinamentos no Brasil é determinada pela dificuldade de produção de alimento volumoso, o qual representa, em muitos casos, mais de 50% da matéria seca da dieta.

A avaliação do custo e do retorno do capital investido (lucro) deve considerar o confinamento integrado à fazenda como um sistema de produção único. Diante disso, os aspectos de relevância que devem ser analisados para avaliar o confinamento são:

— valor do boi magro no momento do confinamento;
— custo diário do confinamento para diferentes ganhos de peso;
— tempo de confinamento;
— valor de venda do boi gordo.

Numa análise histórica do valor da arroba do boi, verifica-se uma flutuação ao longo do ano e também em ciclos plurianuais, fruto da sazonalidade da produção forrageira, do abate ou não de fêmeas e de variáveis zootécnicas, climáticas e econômicas.

A variação do preço do boi gordo entre a safra e a entressafra de determinado ano é condicionada pelo clima, pelo momento cíclico da pecuária e por fatores econômicos. A análise da tendência de preços do boi gordo em outubro e do boi magro em maio é um importante instrumento da viabilidade econômica do confinamento naquele ano, auxiliando até mesmo na decisão de confinar ou não e também no tipo de dieta e patamar de ganho de peso desejado. A análise da comercialização da arroba na Bolsa Mercantil e de Futuros (BM&F) pode definir algumas dessas decisões.

Wedekin et al. (1994) mostraram que a relação entre o boi gordo com valor de outubro e o boi magro com valor de maio tem certa correspondência com as flutuações dos preços da pecuária. Essa relação tende a ser mais estreita nos anos em que os preços médios do boi gordo, em termos reais, são crescentes e apresentam maior folga nos anos de tendência a baixa. Em 1983, o valor da arroba tendia a baixa, chegando a valores inferiores a US$ 15,00, e a relação boi gordo/boi magro permanecia em patamares acima de 1/2 já em 1993 e 1994; com valores da arroba próximos de US$ 20,00, a relação de troca ficou acima da média (1,4/1). Por outro lado, alguns momentos de preços muito elevados, acima de US$ 30,00/@, em 1989 e 1990, provocaram trocas abaixo da média.

Dessa forma, Wedekin et al. (1994) propuseram duas estratégias de manejo: em anos de tendência de baixa de preço, a reposição deveria ser protelada ao máximo, enquanto em fases de alta os animais deveriam ser repostos o mais rápido possível, pois a alta tenderia a persistir até nova inversão cíclica.

Entretanto, o bovino ainda é tido em nosso país como uma reserva de capital, pois apresenta liquidez imediata e, em momentos de instabilidade econômica, os fenômenos zootécnicos e climáticos deixam de ter grande importância na definição do preço da arroba. Com a estabilidade econômica que experimentamos nos anos de 1994 a 1998, as variações de preço da arroba ao longo do ano foram desprezíveis, em comparação com anos em que o diferencial no valor da arroba entre maio e outubro foi superior a 100% (1985 e 1986). Também a relação de troca entre boi gordo e boi magro, principalmente nesses últimos dois anos, tendeu a se estabilizar no patamar de 1,4 (*Preços Agrícolas*, 1998). Desse modo, o caráter especulativo do confinamento deixou de existir, abrindo espaço maior para o confinador especializado; o ganho de peso e o custo da dieta passaram a ter maior importância. Entretanto, essa nova característica de confinamento pode estar comprometida, devido à desvalorização do real perante o dólar americano em janeiro de 1999.

A composição dos custos envolvidos em um confinamento, segundo Ferreira (1994), pode ser a seguinte:

— custo de aquisição ou valor de oportunidade do boi magro;
— custo de alimentação;
— custos fixos de depreciação de instalações;
— custos mensais de mão de obra e máquinas;
— custos com medicamentos.

Dos fatores que compõem o custo de produção do boi gordo, o custo de aquisição ou valor de oportunidade do boi magro é o que torna viável o confinamento e já foi discutido anteriormente. Os custos de depreciação, mão de obra, máquinas e medicamentos têm pouca interferência na composição do valor final da arroba engordada e dependem muito do tamanho do confinamento e do volumoso a ser utilizado (cana-de-açúcar ou silagem). Após tornar viável o confinamento, relacionando o valor de aquisição do boi magro com a projeção do valor de venda do boi gordo, a formulação da dieta e o ganho de peso projetado devem ser levados em consideração.

O peso de entrada e o de saída dos animais devem ser associados com a época de venda, com seu potencial de ganho de peso e com sua precocidade. Animais precoces devem ser abatidos com peso menor que os tardios, assim como os castrados também são abatidos antes que os inteiros (Lanna et al., 1998). O Quadro 2, elaborado por Barbosa (1998), é o resultado de diversos trabalhos de pesquisa com animais terminados em confinamento e pode ser usado para auxiliar na definição do ritmo de ganho de peso a ser adotado no confinamento em função do grupo genético, período de confinamento e grau de acabamento desejado.

Quadro 2. Médias de peso de carcaça, idade de abate e espessura de gordura, de acordo com grupo genético, para animais terminados em regime de confinamento.

Grupo genético	Peso (@)	Idade (meses)	Espessura (mm)
Raças britânicas	14,90	24,5	6,0
Raças continentais	15,40	27,2	3,1
Raças zebuínas	17,10	22,4	4,7
Animais F1:			
Raças britânicas × Zebu	16,1	22,7	4,6
Raças continentais × Zebu	17,0	22,0	3,0
Animais retrocruzados			
Com raças britânicas	16,0	17,7	4,8
Com raças continentais	16,4	22,5	4,1
Com raças zebuínas	16,9	24,1	3,0
Animais cruzados de três raças	17,4	23,6	4,3

Adaptado de Barbosa (1998).

Considerando um confinamento de animais machos castrados, com idade de entrada nele de 18 meses, não implantados e originários de um cruzamento entre Nelore e uma raça continental, com peso inicial de 360 quilos, peso de abate de pelo menos 510 quilos, foram avaliadas quatro dietas com variação na proporção entre volumoso e concentrado usando o NRC (1996), conforme os dados do Quadro 3.

Considerando dois valores de aquisição ou valor de oportunidade do boi magro e dois valores de venda da arroba, pelo Quadro 4 é possível analisar as diferentes simulações para a avaliação econômica do confinamento.

Quadro 3. Avaliação de dietas de confinamento segundo o NRC (1996).

Volumoso: concentrado	A 75:25	B 60:40	C 40:60	D 20:80
Consumo total médio (kg MS)	8,84	8,60	8,26	7,85
Silagem de milho (kg MS)	6,60	5,16	3,30	1,58
Milho (kg MS)	1,64	2,84	4,71	6,02
Farelo de soja (kg MS)	0,40	0,40	— —	— —
Ureia (kg)	0,10	0,10	0,15	0,15
Mineral (kg)	0,10	0,10	0,10	0,10
% PB	12,30	12,80	13,5	14,30
% NDT	67,00	71,00	76,00	81,00
Custo da dieta (R$/dia)[1]	0,84	0,95	1,04	1,16
Custo total (R$/dia)[2]	0,99	1,10	1,19	1,31
Ganho de peso (kg/dia)	1,00	1,11	1,25	1,35
Dias para ganhar 1 @	30,00	27,03	24,00	22,22
Custo total da @ (R$)	29,60	29,85	28,65	29,18
Dias para atingir 510 kg	150	135	120	111
Custo do período (R$)	148	149	143	146

[1] O custo dos alimentos são: silagem de milho — R$ 20,00/t; milho — R$ 150,00/t; farelo de soja — R$ 300,00; ureia — R$ 300,00/t; minerais — R$ 350,00/t.

[2] O custo fixo do confinamento foi considerado de R$ 0,15/cabeça.dia.

Quadro 4. Avaliação econômica de quatro dietas, dois valores de aquisição do boi magro (R$ 360,00 e R$ 400,00) e dois valores de venda (R$ 30,00 e R$ 32,00/@).

Volumoso: concentrado	A 75:24	B 60:40	C 40:60	D 20:80
Custo total (boi magro R$360,00)	508,02	509,24	503,24	505,91
Custo total (boi magro R$ 400,00)	548,02	549,24	543,24	545,91
Receita (R$ 30,00/@)	540,00	540,00	540,00	540,00
Receita (R$ 32,00/@)	576,00	576,00	576,00	576,00
Lucro (boi magro R$ 360,00 e R$ 30,00/@)	31,98	30,76	36,76	34,09
Lucro/capital	6,30	6,04	7,30	6,74
Lucro (boi magro R$ 400,00 e R$ 30,00/@)	–8,02	–9,24	–3,24	–5,91
Lucro/capital	–1,46	–0,02	–0,01	–0,01
Lucro (boi magro R$ 360,00 e R$ 32,00/@)	67,98	66,76	72,76	70,09
Lucro/capital	13,38	13,11	14,46	13,85
Lucro (boi magro R$ 400,00 e R$ 32,00/@)	27,98	26,76	32,76	30,09
Lucro/capital	5,11	4,87	6,03	5,51

Levando em consideração que o retorno sobre o capital investido seria a melhor forma para decidir qual sistema de produção adotar, pela simulação anterior pode-se concluir que as dietas mais ricas em concentrado permitiriam uma melhor rentabilidade, devido ao menor período de confinamento. Os dados também mostram a importância do preço de aquisição do boi magro, uma vez que a rentabilidade pode ficar seriamente comprometida quando o preço pago pela arroba na compra é superior ao recebido na venda.

Outro parâmetro que deve ser analisado é a necessidade de alimento volumoso para cada tipo de dieta. Para um confinamento de 10 mil animais, a área necessária para a produção de silagem de milho seria de 825 hectares, 580 hectares, 330 hectares e 146 hectares, respectivamente, para as dietas A, B, C e D.

Muito importante, em um programa de confinamento, é o tempo em que os animais permanecem confinados, pois, à medida que o peso adulto se aproxima, passa a ocorrer maior deposição de gordura, em detrimento da proteína, e a deposição de gordura promove menor ganho de peso. Portanto, a venda dos animais deveria ser realizada respeitando a deposição de gordura. Dessa forma, utilizar a classificação da condição corporal (ECC), em que valores entre 6 e 7 correspondem a teores de gordura entre 25% e 28%, garantiria a venda de animais com grau adequado de terminação.

Referências bibliográficas

ANDERSON, D. C.; MARY, C. C. O.; MARTIM, E. L. **Journal of Animal Science**, vol. 46: 2, 1978.

ARRIGONI, M. D. B; SILVEIRA, A. C.; COSTA, C.; CHARDULO, L. A. L.; MORAIS, J. P. G. Alimentos utilizados na produção intensiva de bovinos de corte jovens — aspectos nutricionais e econômicos. SIMPÓSIO SOBRE PRODUÇÃO INTENSIVA DE GADO DE CORTE. Campinas, SP, Colégio Brasileiro de Nutrição Animal, 1998, 168p.

BALSALOBRE, M. A. A.; SANTOS, P. M.; CORSI, M.; MEDEIROS, S. R.; BANIN, R. B. **Desempenho de bovinos em crescimento recebendo suplementação a pasto durante o verão**, 1999. (No prelo).

BARBOSA, P. F. Cruzamento industrial e a produção de novilhos precoces. SIMPÓSIO SOBRE PRODUÇÃO INTENSIVA DE GADO DE CORTE. Campinas, SP, Colégio Brasileiro de Nutrição Animal, 1998, 100p.

BURGÜI, R. Cana-de-açúcar. 6º SIMPÓSIO SOBRE NUTRIÇÃO DE BOVINOS. **Anais...** Tema: Utilização de resíduos culturais e de beneficiamento na alimentação de bovinos. Editores: PEIXOTO, A. P.; MOURA, J. C.; FARIA, V. P. 1995, 153p.

FERREIRA, N. F. Maximizando o lucro no confinamento de bovinos de corte. **Preços Agrícolas**, Piracicaba, SP, 90: 4-9, 1994.

HENRIQUE, W.; BOSE, M. L. V. Milho e sorgo. 6º SIMPÓSIO SOBRE NUTRIÇÃO DE BOVINOS. **Anais...** Tema: Utilização de resíduos culturais e de beneficiamento na alimentação de bovinos. Editores: PEIXOTO, A. P.; MOURA, J. C.; FARIA, V. P. 1995, 229p.

JUNQUEIRA, J. O. B.; ALLEONI, G. O ponto de vista das áreas de ensino e pesquisa. WORKSHOP QUALIDADE DA CARNE E MELHORAMENTO GENÉTICO DE BOVINOS DE CORTE. São Carlos, SP: Embrapa, 1998.

LANNA, D. P.; FOX, D. G.; TEDESCHI, L. O. Exigências nutricionais de gado de corte: o sistema NRC. SIMPÓSIO SOBRE PRODUÇÃO INTENSIVA DE GADO DE CORTE. Campinas, SP, Colégio Brasileiro de Nutrição Animal, 1998. 138p.

LANNA, D. P.; PACKER, I. U. Eficiência biológica e econômica de bovinos de corte. WORKSHOP QUALIDADE DA CARNE E MELHORAMENTO GENÉTICO DE BOVINOS DE CORTE. São Carlos, SP: Embrapa, 1998.

NATIONAL RESEARCH COUNCIL. Nutrient Requirement of Beef Catle. Seventh revised edition. Washington, DC: National Academy Press, 1996.

PREÇOS AGRÍCOLAS. **Caderno de estatísticas nº 143.** USP/Esalq-DESR e Cepea, 1998.

SAINZ, R. D. Crescimento compensatório em bovinos de corte. SIMPÓSIO SOBRE PRODUÇÃO INTENSIVA DE GADO DE CORTE. Campinas, SP, Colégio Brasileiro de Nutrição Animal, 1998, 22p.

WEEDEKIN, V. S. P.; BUENO, C. R.; AMARAL, A. M. Análise econômica do confinamento de bovinos. **Informações Econômicas,** v. 24, n. 9, 1994.

CLÁUDIO MALUF HADDAD[1]
FLÁVIO AUGUSTO PORTELA SANTOS[1]
FLÁVIO GERALDO FERREIRA CASTRO[2]

Avaliação da produção de novilho precoce no Brasil

1. Introdução

A pecuária de corte brasileira vem sofrendo transformações significativas nos últimos anos, tornando-se mais eficiente e produtiva. A criação de vários programas de incentivo à produção do novilho precoce e a estabilização econômica foram fundamentais na aceleração desse processo de mudanças pelo qual passa a pecuária de corte brasileira.

A utilização de cruzamentos e a melhoria da alimentação, principalmente durante o período de estiagem, têm levado à diminuição da idade de abate dos animais, sendo responsáveis por significativo incremento na eficiência produtiva e na produtividade, favorecendo indiretamente a qualidade da carne (Luchiari Filho, 1998). Apesar de a diminuição na idade de abate ser um importante passo na busca

1. Professor doutor do Departamento de Produção Animal da Esalq/USP.
2. Aluno do curso de doutorado do Departamento de Produção Animal da Esalq/USP.

da qualidade, esse fator, isoladamente, não é garantia de um produto de melhor qualidade (Luchiari Filho e Moura, 1997).

Esse efeito positivo da melhoria do programa alimentar sobre a idade de abate, permitindo que os bovinos atinjam o peso desejável de abate mais jovens, já foi documentado por pesquisadores do Centro Nacional de Pesquisa de Gado de Corte (Euclides et al., 1995 e 1997). Eles verificaram a diminuição em até 15 meses na idade de abate de animais que foram suplementados na primeira seca e confinados na segunda (23 meses), em relação aos que permaneceram em pastagens sem suplementação (38 meses), quando abatidos com o mesmo peso vivo (440 kg).

O cruzamento entre raças zebuínas e taurinas tem sido outra ferramenta bastante utilizada para a produção de novilhos precoces, visando aproveitar a precocidade de terminação e a qualidade da carne dos animais de raças europeias. Entretanto, segundo alguns autores (Barbosa, 1995, 1998; Lanna, 1997), é importante verificar se esses animais realmente são superiores ao boi Nelore, tradicionalmente produzido no Brasil, em termos de desempenho e principalmente qualidade da carne (Barbosa, 1998).

Lanna (1997) destacou que os produtores brasileiros têm errado em utilizar o cruzamento de fêmeas zebuínas com raças continentais, produzindo animais tardios e de elevado peso adulto. A utilização desse tipo de animal pode significar problemas de aceitação da carne produzida, devido à falta de gordura de cobertura (acabamento), que leva ao encurtamento das fibras musculares durante o resfriamento e, consequentemente, uma carne mais dura e com pouco sabor. Esses animais são mais eficientes quando terminados em regime de confinamento, por se depositar tecido de composição mais magra. A utilização desse tipo de cruzamento tem impedido que muitos produtores obtenham um novilho acabado, com adequada deposição de gordura, em menos de dois anos, classificando-o como novilho precoce com apenas 16 arrobas (Lanna, 1997). Para apresentar acabamento adequado, deveriam ser abatidos ao atingirem em torno de 500 quilos de peso vivo (Felício, 1997a).

As seções seguintes deste texto tentarão esclarecer se esses animais abatidos como novilho precoce são superiores ou inferiores ao novilho Nelore tradicional em termos de qualidade da carne.

2. O Programa do Novilho Precoce

O termo 'precocidade' pode ser definido como a velocidade com que o animal atinge determinada proporção do peso adulto. Já o termo 'precocidade de terminação' é utilizado para denotar animais que atingem composição corporal de carcaça adequada ao abate em idade jovem. Essa composição, que é definida pelo mercado consumidor, pode ser estimada pela espessura de gordura subcutânea (Lanna, 1997; Barbosa, 1998).

No Brasil, o termo 'novilho precoce' vem sendo discutido desde os anos de 1970 pela Associação Brasileira do Novilho Precoce (ABNP), que questionava a comercialização de bovinos para abate levando em conta apenas o peso da carcaça, sem considerar as diferenças observadas no rendimento e na qualidade da carne (Luchiari Filho, 1995). Visando valorizar as carcaças superiores, em termos de rendimento e qualidade, a ABNP definiu critérios para classificação de animais como novilhos precoces com base em três características (Barbosa, 1998): 1) peso da carcaça; 2) idade do animal; e 3) grau de acabamento da carcaça. Segundo Luchiari Filho (1995) e Luchiari Filho et al. (1997b), a observação desses atributos garantiria a obtenção de uma carcaça de boa qualidade (Tabela 1). O tripé de sustentação desse sistema era que a idade do animal estaria altamente relacionada com a qualidade da carne, o acabamento com o rendimento, e o sexo estaria relacionado tanto com a qualidade como com o rendimento (Luchiari Filho, 1983). Dessa forma, os fatores mais importantes na busca desse tipo de carcaça seriam a idade de abate e o grau de acabamento.

Com base nesses critérios, primeiramente Mato Grosso do Sul, em 1992, e posteriormente outros estados instituíram os Programas

Tabela 1. Critérios para a classificação de novilho precoce.

Sexo	Peso carcaça frio (mínimo)	Grau de acabamento[1] (espessura de gordura)	Idade (máximo)
Fêmea	180 kg	3 a 10 mm	2 dentes definitivos
Macho castrado	210 kg	3 a 10 mm	2 dentes definitivos
Macho inteiro	210 kg	3 a 10 mm	dente de leite

Fonte: Luchiari Filho (1995).

1. Espessura da camada de gordura de cobertura em milímetros, medida ou avaliada na altura da 12ª costela.

de Produção do Novilho Precoce, reduzindo a alíquota do ICMS sobre animais classificados como precoces, com o objetivo de reduzir a idade de abate e, desse modo, tornar a pecuária de corte mais eficiente e produtiva.

3. Caracterização do novilho precoce produzido no Brasil

O Departamento de Produção Animal (UFMS) avaliou o Programa Novilho Precoce com o seguinte objetivo: "Traçar um perfil do produtor de novilho precoce para adquir conhecimento das técnicas por ele empregadas" (Almeida et al., 1996). A partir desses dados, é possível determinar qual o tipo predominante de animal que está sendo produzido no Programa do Novilho Precoce do Estado do Mato Grosso do Sul, que provavelmente pode ser verificado nos demais estados. Como as informações foram geradas por meio de questionário, podem não ser tão precisas, entretanto, constituem um dos poucos levantamentos existentes sobre a produção de novilhos precoces no Brasil.

Em relação aos animais abatidos e classificados como novilho precoce até outubro de 1995, a maior parte deles (41,3%) foi classificada como quatro dentes, 35,1% como dois dentes e 23,6% foram desclassificados. O peso médio dos animais abatidos variou entre 16 e 17 arrobas para os machos e 14 arrobas para as fêmeas.

Esse trabalho constatou que a raça predominante de matrizes era Nelore. Como apenas 15% das propriedades utilizavam só touros Nelore, era de esperar uma dominância de animais cruzados. As raças mais utilizadas nesses cruzamentos foram as europeias continentais (principalmente Simental, Charolês e Limousin), com exceção da Aberdeen Angus, que também foi bastante utilizada. No entanto, é preciso salientar que a maioria das propriedades abatia tanto animais Nelore como cruzados (F_1). Segundo os autores, a grande quantidade de animais Nelore pode ser explicada pelo fato de o Nelore ser tardio na troca de dentes, o que lhe dá mais chances de ser classificado como precoce (Almeida et al., 1996).

Em termos de manejo, 82,9% das propriedades castravam seus animais, e a maioria (60,8%) o fazia quando eles estavam com 18 a

24 meses, isto é, já próximos ao abate. Com relação à terminação de animais, verificou-se que 65,8% faziam engorda a pasto, 13,5% realizavam semiconfinamento e 14,8% acabavam seus animais em confinamento, ou seja, a grande maioria terminava seus animais a pasto (Almeida et al., 1996).

Em função do exposto, podemos dizer que o tipo predominante de animal abatido como novilho precoce no Brasil é provavelmente o macho, meio-cruzado (Nelore × raças continentais), castrado, com 30 meses, pesando de 16 a 17 arrobas e terminado a pasto. Esse animal difere do novilho Nelore tradicional, abatido aos 42 meses, em média (Euclides et al., 1997), devido à raça e à menor idade para o abate. Dessa forma, é interessante analisarmos os efeitos desses fatores sobre a qualidade da carne.

4. Qualidade da carne

4.1. Características do novilho desejável

O valor econômico de uma carcaça depende basicamente do rendimento da porção comestível e da qualidade (Luchiari Filho, 1993). Em termos de qualidade, as duas principais características observadas são a maciez e a palatabilidade; quanto ao rendimento da porção comestível, avalia-se o rendimento dos cortes cárneos, principalmente os de melhor valor comercial (Luchiari Filho et al., 1997a).

O rendimento da porção comestível é influenciado diretamente pela quantidade de gordura de cobertura e de gordura renal e pélvica, pela área de olho do lombo e pelo próprio peso da carcaça. Ainda, outros fatores, como raça, sexo, maturidade e regime alimentar, podem influenciar o rendimento da carcaça (Luchiari Filho, 1993).

A qualidade da carne também está diretamente relacionada aos fatores citados acima, porém, com maior dependência da idade e do grau de acabamento do animal (Luchiari Filho, 1993, 1995).

O abate de animais jovens é importante para a obtenção de carne de alta qualidade e, desta forma, ele deveria ocorrer não muito depois do estabelecimento da puberdade. Essa fase da vida do animal se caracteriza por mudanças nas características sexuais secundárias, ocasionando certa diminuição na qualidade da carne. A partir desse ponto do desenvolvimento do animal, o ganho se dará quase que exclusivamente pela deposição de gordura, uma vez que o crescimento muscular estará em sua maior parte completo (Luchiari Filho, 1993). Como excesso de gordura necessita ser aparado, isto implica desperdícios durante a comercialização e custos mais elevados de produção (Luchiari Filho, 1992).

Segundo Luchiari Filho (1993, 1995), "uma carcaça bovina de boa qualidade e bom rendimento deve apresentar uma relação adequada entre as partes que a compõem, ou seja, possuir o máximo de músculos, o mínimo de osso e a quantidade adequada de gordura para assegurar ao produto condições mínimas de manuseio e palatabilidade".

Sabe-se que a proporção dos diferentes tecidos na carcaça muda à medida que a idade do animal avança. Da mesma forma, a proporção entre os quartos da carcaça também é alterada, fazendo que haja uma diminuição na proporção de traseiro especial. Como consequência, ocorre um indesejável aumento na proporção de dianteiro e da ponta-de-agulha. Assim, a escolha da faixa de peso vivo ideal de abate para cada tipo de animal é extremamente importante para a obtenção de uma carcaça de boa qualidade e principalmente com bom rendimento dos cortes com maior valor comercial (Luchiari Filho, 1992, 1993).

Uma carcaça, para apresentar bom rendimento da porção comestível, deve pesar entre 14 e 16 arrobas. Esta faixa de peso coincide, na maioria das raças, com a faixa etária na qual os animais atingem a puberdade. Isto representa uma carcaça resfriada, pesando em torno de 240 quilos para machos castrados e 250 quilos para machos inteiros. O peso médio do traseiro especial deve ser de 115 quilos (os dois lados), o que representa um rendimento de aproximadamente 47% em relação ao peso da carcaça (Luchiari Filho, 1992, 1993).

A área de olho do lombo como indicador de musculosidade, medida na altura da 12ª costela, deve ser de no mínimo 29 centímetros quadrados para cada 100 quilos de peso de carcaça resfriada (Luchiari Filho, 1992, 1993).

A espessura de gordura como indicador de grau de acabamento, avaliada na altura da 12ª costela, deve se situar entre 5 e 7 milímetros, ou entre 2 e 2,5 milímetros para cada 100 quilos de carcaça resfriada (Luchiari Filho, 1992, 1993). A falta de gordura ocasiona problemas no manuseio da carcaça, encurtamento celular durante a estocagem, devido ao frio (*cold shortening*), e, ainda, problemas com o paladar da carne. Já o excesso de gordura, por outro lado, diminui o rendimento da porção comestível e necessita ser aparado para comercialização, implicando desperdícios. Há outros critérios adicionais que auxiliariam na avaliação da carne, como a distribuição da gordura de cobertura, a coloração do contrafilé (músculo *Longissimus dorsi*) e a coloração da gordura (Luchiari Filho, 1993).

Carcaças de animais que apresentam idade reduzida ao abate, de 20 a 22 meses para não castrados e 28 a 30 meses para castrados e fêmeas, e se situam nos padrões citados acima com certeza apresentarão rendimento superior e carne de melhor qualidade (Luchiari Filho, 1992; Felício, 1997a).

Em resumo, podemos dizer que o valor da carcaça está estritamente ligado ao rendimento e à qualidade da porção comestível. O rendimento está diretamente relacionado à quantidade dos diferentes tecidos (músculos, ossos e gordura) e à sua distribuição na carcaça. A qualidade, que depende principalmente da idade do animal e do grau de acabamento, está mais diretamente relacionada à maciez, ao sabor, à suculência e à coloração da carne (Luchiari Filho, 1993). Assim, "deve-se buscar uma carne que seja macia, suculenta, saborosa, com aroma agradável e com uma aparência desejável tanto na coloração do músculo como da gordura", como recomendado por Luchiari Filho e Moura (1997).

4.2. Fatores que afetam o grau de acabamento da carcaça

Vários autores (Luchiari Filho, 1993, 1995, 1998; Barbosa, 1995, 1998; e Lanna, 1997) têm destacado o efeito da raça sobre a qualidade da carcaça.

Barbosa (1998) sumarizou os resultados dos trabalhos publicados sobre cruzamentos no Brasil até 1998 (Tabela 2). Ele avaliou as características estudadas em experimentos que incluíam uma população controle de animais de raça zebuína pura, considerando o desempenho dos zebuínos de raças puras como base e igual a 100 (*Bos indicus*).

Tabela 2. Médias (± erro-padrão) e amplitude de variação do desempenho relativo de animais cruzados de raças de Bos taurus e de Bos indicus (zebu), em relação à de Bos indicus (zebu = 100).

Característica	F_1 zebu × raça britânica	F_1 zebu × raça continental	Média geral dos cruzados	Amplitude geral dos cruzados
Ganho de peso[1]	117,4 ± 4,0	122,9 ± 4,0	120,5 ± 1,6	93,2 — 164,5
Peso da carcaça	106,0 ± 2,7	111,5 ± 1,2	111,8 ± 1,4	85,7 — 158,0
Rendimento da carcaça	99,7 ± 1,2	100,8 ± 0,7	100,7 ± 0,5	91,4 — 1169,8
Consumo de MS	107,6 ± 3,0	106,2 ± 4,8	108,1 ± 2,2	88,8 — 141,0
Conversão alimentar	91,7 ± 3,3	96,8 ± 2,2	97,0 ± 1,9	80,1 — 130,7
Espessura de gordura	101,2 ± 10,4	72,3 ± 3,6	78,6 ± 3,0	34,4 — 166,7

Fonte: Adaptado de Barbosa (1998).
[1] Em regime de confinamento.

Em termos de desempenho, os animais cruzados foram, em média, 20,5% superiores aos zebuínos em relação ao ganho de peso em confinamento, o que representa uma vantagem para os sistemas de produção de novilhos precoces que utilizam a engorda confinada de animais cruzados. Como os cruzados foram apenas 3%, em média, superiores em termos de conversão alimentar e tiveram um consumo de matéria seca, em média, 8,1% superior, estes ganharam mais peso, devido ao maior consumo de alimento.

Pelos resultados obtidos por Barbosa (1998) para o grau de acabamento de carcaça, avaliado como espessura da gordura de cobertura na altura da 12ª costela, os animais cruzados foram, em média, 21,4% inferiores aos zebuínos (Tabela 2). Segundo o referido autor, "a maioria dos dados (77,3%) indica que animais cruzados apresentam espessura de gordura muito próxima ou inferior ao limite mínimo de 3 milímetros, que é recomendado pela ABNP". Desse modo, os animais cruzados estiveram em vantagem sobre os zebuínos em termos de ganho de peso em confinamento e peso da carcaça; no entanto, estes estiveram em desvantagem em termos de acabamento de carcaça (principalmente F_1 zebu × raça continental).

Barbosa (1998) ainda determinou as medidas de peso da carcaça, idade de abate e espessura de gordura de animais terminados em regime de confinamento e de pasto, de acordo com os grupos genéticos (Tabela 3). Verificou uma superioridade do Zebu em termos de acabamento de carcaça, medida como espessura de gordura na

Tabela 3. Médias de peso de carcaça, idade de abate e espessura de gordura, de acordo com o grupo genético e o sistema de terminação.

Grupo genético	Peso (@)	Idade (meses)	Espessura gordura (mm)
		regime de confinamento	
Raças zebuínas	17,1 ± 0,3	22,4 ± 0,7	4,7 ± 0,3
F_1 zebu × raça britânica	16,1 ± 0,8	22,7 ± 1,5	4,6 ± 0,6
F_1 zebu × raça continental	17,0 ± 0,3	22,0 ± 0,8	3,0 ± 0,2
		regime de pasto	
Raças zebuínas	16,2 ± 0,6	33,8 ± 2,2	3,9 ± 0,5
F_1 zebu × raça britânica	16,3 ± 0,9	35,8 ± 3,6	3,4 ± 0,7
F_1 zebu × raça continental	15,7 ± 0,4	31,8 ± 1,6	2,7 ± 0,3

Fonte: Adaptado de Barbosa (1998).

altura da 12ª costela, tanto em regime de confinamento como em regime de pasto. Os coeficientes de regressão da espessura de gordura no peso de abate dos animais cruzados indicam que os F_1 de raças continentais depositaram gordura em taxa menor que os animais de raças zebuínas, como exposto na Tabela 4.

Para melhor compreender o comportamento das proporções das raças britânicas, continentais e zebuínas na composição genética dos animais cruzados, Barbosa (1998) realizou uma análise de regressão da espessura de gordura, como indicador do grau de acabamento da carcaça, nessas características, para os sistemas de terminação em confinamento e a pasto (Tabela 5). Observou-se, no sistema de terminação em confinamento, um efeito desfavorável na proporção de raças continentais no animal cruzado. No sistema de terminação a pasto, um efeito positivo da proporção de raças zebuínas (Barbosa, 1998).

Tabela 4. Coeficientes parciais de regressão da espessura de gordura no peso da carcaça (b_1) e na idade do animal (b_2) e coeficiente de determinação (R^2), de acordo com o grupo genético, para animais terminados em confinamento.

Grupo genético	b_1 (mm/@)	b_2 (mm/mês)	R^2 (%)
Raças zebuínas	0,48 ± 0,08*	–0,15 ± 0,06	94,90
F_1 zebu × raça britânica	0,17 ± 0,24	0,07 ± 0,17	75,54
F_1 zebu × raça continental	0,16 ± 0,04*	0,02 ± 0,03	83,53

Fonte: adaptado de Barbosa (1998).
* P < 0,01.

Tabela 5. Coeficientes parciais de regressão da espessura de gordura no peso da carcaça, na idade de abate e nas proporções de raças britânicas, continentais e zebuínas na composição genética de animais cruzados, de acordo com o sistema de terminação.

Característica	**Confinamento**	**Pasto**
Peso de abate, @	0,28 ± 0,05*	–0,09 ± 0,10
Idade de abate, meses	–0,02 ± 0,02	0,10 ± 0,03**
Proporção de raças britânicas, em fração de 1/4	0,33 ± 0,23	0,20 ± 0,25
Proporção de raças continentais, em fração de 1/4	–0,54 ± 0,21**	0,04 ± 0,27
Proporção de raças zebuínas, em fração de 1/4	–0,04 ± 0,22	0,69 ± 0,32**
Coeficiente de determinação (R^2)	84,68	85,63

Fonte: Adaptado de Barbosa (1998).
* P < 0,01. ** P < 0,05.

Os resultados obtidos não são muito diferentes do esperado. Como as raças de maior tamanho adulto (raças continentais) são tardias quanto à taxa de deposição de gordura na carcaça, animais cruzados filhos de touros dessas raças devem ser abatidos com peso mais elevado, sejam machos não castrados, novilhos ou novilhas (Barbosa, 1998), para obtenção de carcaças com acabamento adequado. Isso pode ser explicado por haver uma correlação negativa entre peso para a maturidade e taxa de maturação (Morrow, 1983, citado por Barbosa, 1998 e Taylor e Young, 1968; Taylor, 1989, Tedeschi, 1996, citados por Lanna, 1997).

Segundo Lanna (1997), a Tabela 6 "ilustra claramente que animais de maior tamanho corporal são mais eficientes apenas quando abatidos no mesmo peso, pois depositam menos gordura no ganho. Entretanto, quando o abate foi realizado para produção de uma carcaça semelhante (contendo 4,5% de gordura no *longissimus*), ani-

Tabela 6. Efeito do peso de abate e do grau de acabamento do animal sobre a eficiência de ganho de peso de diferentes genótipos.

Raça	**Peso final de 540 kg**	**4,5% gordura contrafilé**
	Eficiência, g de ganho/Mcal EM ingerida	
Angus	48	53 (aos 477 kg)[1]
Hereford	48	54 (aos 503 kg)
Limousin	51	37 (aos 986 kg)
Simental	52	44 (aos 770 kg)
Charolês	52	43 (aos 880 kg)

Fonte: Lanna (1997).

mais de menor tamanho corporal foram mais eficientes, pois foram efetivamente mais precoces, diluindo as exigências de mantença".

Outro importante fator que afeta a qualidade da carne é a idade de abate. Esta, por sua vez, é determinada principalmente pelo programa alimentar da propriedade, ou seja, dependendo do tipo de alimentação fornecida, os bovinos atingem o peso adequado de abate mais jovens ou mais velhos (Felício, 1997a). Os trabalhos conduzidos por Euclides et al. (1995, 1997) demonstraram bem isso (Tabela 7).

O fator maturidade é comum a todos os sistemas de tipificação de carcaça bovina, porque há evidências de que a qualidade organoléptica da carne, principalmente a maciez, piora com o avanço da idade, possivelmente em decorrência de alterações que ocorrem no colágeno intramuscular (Felício, 1997a). O Sistema Americano de Classificação de Carcaças, por exemplo, considera os animais jovens até os 42 meses. Apesar de a maioria dos animais neste país ser abatida antes desse limite, atingem o melhor grau de classificação quanto a esse atributo (Luchiari Filho et al., 1997b).

Em termos de determinação da idade pela dentição, é importante salientar quc na raça Nelore a troca de dentes ocorre seis meses mais tarde, ou seja, animal "dente de leite" mostra ser um bom indicador para a idade de dois anos ou menos (Cardoso, 1998).

Tabela 7. Efeito do programa alimentar sobre a idade de abate dos animais (abate aos 440 kg PV).

Categoria animal	Tratamentos	Idade de abate (meses)	Autor
Bezerros Nelore	A. Suplementação 1ª seca	31	Euclides et al. (1995)
	B. Suplementação 2ª seca	28	
	C. Suplementação 1ª e 2ª secas	26	
	D. Suplem. 1ª seca + confinamento 2ª seca	23	
	E. Sem suplementação	38	
Bezerros F_1 Nelore x Angus	A. Suplementação 1ª seca	26,4 ± 0,42	Euclides et al. (1997)
	B. Suplementação 2ª seca	25,2 ± 0,39	
	C. Suplementação 1ª e 2ª secas	23,6 ± 0,46	
	D. Suplem. 1ª seca + confinamento 2ª seca	20,9 ± 0,37	
	E. Sem suplementação	28,4 ± 0,37	

Com base nas informações anteriores, podemos concluir que os animais cruzados que são classificados como novilho precoce possuem um acabamento de carcaça, medido como espessura de gordura de cobertura na 12ª costela, inferior ao novilho Nelore tradicional. Desse modo, pode-se esperar uma carne de pior qualidade desses animais cruzados, pois a gordura de cobertura é que garante condições adequadas de processamento, protegendo a carcaça contra o frio durante a fase de resfriamento e também assegurando o paladar desejável (Luchiari Filho, 1995).

De acordo com Sainz (1996), a gordura de cobertura é influenciada por fatores como raça, sexo, regime alimentar, duração do período de confinamento e peso da carcaça.

Mattos e Luchiari Filho (1978) recomendam: é desejável uma carcaça coberta com uma adequada e uniforme camada de gordura (5-7 mm), cuja falta prejudica a conservação da peça em câmara frigorífica. Já o excesso é indesejável. Carcaças com reduzida cobertura externa de gordura contam com pouco isolamento térmico; quando expostas a baixas temperaturas, as fibras musculares vão contrair-se rapidamente (*cold shortening*), permanecendo nesse estado. Essas fibras musculares apresentam um sarcômero de menor comprimento, mantendo uma estrutura muito dura e compacta. A carne resultante será dura, ou seja, de baixa qualidade (Sainz, 1996; Felício, 1997a).

Bouton et al. (1978), citados por Felício (1997a), demonstraram que em carcaças leves e magras, resfriadas a baixas temperaturas, qualquer vantagem da carne de bovinos jovens, em termos de maciez, será perdida devido ao *cold shortening*, fazendo, inclusive, que essa carne seja mais dura do que a de bovinos mais velhos, que geralmente são mais pesados e têm melhor acabamento (Felício, 1997a).

Nas últimas três décadas, a gordura de cobertura vem se tornando um importante indicador de qualidade, porque afeta diretamente a velocidade de resfriamento da carcaça, comportando-se como um isolante térmico e interferindo no processo de conversão do músculo em carne. Além disso, carcaças com melhor acabamento tendem a apresentar maior teor de gordura intramuscular, *marbling*, ou gordura entremeada, que é depositada com maior intensidade na fase de engorda dos bovinos, após o término da fase de crescimento (Felício, 1997a). Há evidências bem fundamentadas da necessidade de haver no mínimo 2,9% de lipídios no músculo *L. dorsi*, para uma boa aceitação da carne bovina quanto à maciez e suculência (Felício, 1997b).

O nível de marmorização é influenciado pela idade do bovino, uma vez que o animal abatido jovem ainda não teve a oportunidade de armazenar gordura em depósitos intramusculares. O nível de marmorização está relacionado com a maciez (responsável por 5% a 11% da variabilidade na maciez), a suculência e o sabor da carne, apesar de essa relação não ser muito forte. A quantidade de marmorização requerida pelos consumidores depende de seus hábitos culturais: enquanto os norte-americanos e japoneses preferem um nível de marmorização maior, os povos da Europa, da América Latina e da Austrália preferem uma carne com menor marmoreio. Isto ocorre especialmente onde a produção é mais extensiva e os animais são terminados a pasto (Sainz, 1996). Para a produção de carne de boa qualidade, é desejável que se tenha ligeira marmorização, pois, quando ausente, proporcionaria uma carne seca e, quando excessiva, forneceria mais tecido adiposo (Mattos e Luchiari Filho, 1978).

Segundo Sainz (1996), "uma única medida da espessura de gordura dorsal, tomada sobre a 12ª costela, é aceita como um bom índice do conteúdo de gordura da carcaça, ou seja, do acabamento da carcaça". No entanto, deve-se ressaltar que as correlações entre espessura de gordura e teor de gordura, determinados diretamente na carcaça, e entre espessura de gordura e marmorização do *Longissimus* são baixas (Luchiari Filho, 1986; Lanna, 1988, Alleoni, 1995, citados por Lanna, 1997).

Como novilhos precoces oriundos do cruzamento com raças continentais são abatidos jovens e apresentam uma gordura de cobertura insuficiente, é de esperar que também tenham pouca gordura intramuscular, produzindo, desse modo, uma carne de qualidade inferior.

Vários autores (Luchiari Filho, 1993, 1995, 1998; Felício, 1997a e 1997b; Sainz, 1996; e Shorthose, 1996) têm destacado o efeito do sexo para a qualidade da carcaça. De modo geral, as diferenças sexuais observadas na composição são similares às diferenças entre raças distintas, já que as mais importantes são o tamanho adulto e a musculosidade (Sainz, 1996). Os machos não castrados crescem mais rapidamente e depositam menos gordura que as fêmeas; já os machos castrados exibem características intermediárias. Se esses três tipos de animais fossem abatidos na mesma idade, o macho não castrado produziria uma carcaça mais pesada do que o castrado e este, por sua vez, pesaria mais que a fêmea. Apesar dessas diferenças, o conteúdo de gordura seria menor no caso do macho não castrado, seguido pelo castrado e, por último, a fêmea teria a maior proporção de gordura. Assim, do ponto de vista da precocidade de acabamento, os machos não castrados são considerados mais tardios que os machos castrados e estes são mais tardios do que as novilhas. Isto é, para que os animais não castrados tenham um acabamento satisfatório, é preciso levá-los ao abate com um peso vivo muito superior (50 a 100 kg a mais) ao dos castrados. Numa fase do desenvolvimento corporal em que eles avançam rapidamente para a maturidade sexual, isso traz alguns problemas (Felício, 1997b). Dessa forma, podem apresentar certos defeitos na qualidade da carne, dependendo do sistema de manejo, da idade para o abate e da preferência do consumidor (Sainz, 1996).

De acordo com Luchiari Filho (1998) e Felício (1997b), o macho não castrado (até 24 meses) é utilizado intensamente em vários países da Europa, por possuir algumas vantagens, como maior ganho em peso, conversão alimentar mais eficiente, carne mais magra e rendimento de carne aproveitável maior. No entanto, possui algumas desvantagens, como dianteiro avantajado, pouca gordura de cobertura, necessidade de ser abatido em idade mais jovem e nível maior de estressabilidade.

Segundo Felício (1997b), a carne de tourinhos (não castrados) de dois anos da raça Nelore, pesando 497 kg, tinha em média 1,7% de gordura intramuscular no contrafilé, e as carcaças renderam 77,2% de carne aproveitável. Novilhos (castrados) de raça e peso semelhante regularmente apresentam 2,5% a 3,0% de gordura intramuscular e rendem cerca de 74% de carne aproveitável (Felício, 1997b). Assim, os animais inteiros não atingiram o mínimo de gordura intramuscular (2,9%), ou seja, não atingiram o grau de acabamento adequado, produzindo provavelmente uma carne de pior qualidade.

Segundo Felício (1997b), “as carcaças de touros jovens têm menos gordura subcutânea e intramuscular do que as de novilhos e novilhas de mesmo peso. Isso pode ser considerado uma vantagem pelos europeus, mas é uma das principais causas da não aceitação de carne de tourinhos nos Estados Unidos e Canadá”.

Na Tabela 8 são apresentados os resultados parciais de um estudo, conduzido em 1996 pela ABCZ, com 51 tourinhos de dois anos (Felício, 1997b). Os resultados impressionam pelo potencial genético das raças zebuínas para produção de carne de touro jovem. Como está exposto na Tabela 8, todos os animais atingiram um adequado grau de acabamento (cobertura de gordura).

Tabela 8. Resultados médios de características de carcaça de tourinhos Zebu de 24 meses.

Raça	Número	PCQ[1] (kg)	Rend[2] (%)	EG[3] (mm)	AOL[4] (cm^2)	Carne[5] (kg/ 100 kg PV)
Guzerá	7	257,6	54,87	3,4	73,53	40,99
Indubrasil	8	270,0	54,34	3,6	68,13	40,14
Nelore	28	296,3	56,88	4,7	72,14	41,80
Tabapuã	8	305,8	56,22	3,9	79,26	41,86
Total	51	288,4	56,10	4,2	72,82	41,44

Fonte: Adaptado de Felício (1997b).

[1] Peso da carcaça quente. [2] Rendimento de carcaça. [3] Espessura de gordura.
[4] Área de olho do lombo. [5] kg de carne aproveitável por 100 kg de peso vivo.

De acordo com Felício (1997b), “na busca por ganhos em produtividade, há a possibilidade de antecipar o abate de machos para dois anos, deixando de castrá-los e evitando a paralisação no ganho de peso na seca”. Estes animais poderiam ser enquadrados como novilhos precoces desde que abatidos jovens, com “dentes de leite”.

4.3. Fatores que afetam a maciez da carne

Vários são os atributos relacionados com a qualidade da carne bovina: maciez, suculência, cor, sabor, aroma (Sainz, 1996). No entanto, consumidores consideram a maciez como um dos mais importantes componentes da qualidade da carne. Esse fato é facilmente confirmado pela relação existente entre o preço de um corte e sua maciez. Infelizmente, a variabilidade da maciez da carne tem sido apontada como um dos principais problemas da indústria da carne (Koohmaraie et al., s/d a,b).

Animais de raças de grande porte apresentam diferenças significativas em relação a raças de pequeno porte quanto à maciez da carne, se o abate ocorre na mesma idade. O animal de grande porte cresce mais rapidamente e deposita menos gordura, produzindo uma carcaça mais pesada e com menos gordura, que estaria mais sujeita ao *cold shortening* (Sainz, 1996).

Muitos experimentos têm demonstrado que a frequência de carne dura, inaceitável, é maior para gado que possui alto grau de sangue de *Bos indicus* em relação a *Bos taurus* (Koohmaraie e Shackelford, 1991; Shacklefor et al., 1991, citado por Sainz, 1996; Koch et al., 1982; Crouse et al., 1989; e Wheeler et al., 1995, citados por Koohmaraie et al., s/d a,b; Koohmaraie et al., 1995). Entretanto, as pesquisas indicam que bovinos com 25% ou menos de gens *Bos indicus* são similares àqueles com gens *Bos taurus* no que diz respeito à palatabilidade da carne (Crouse et al., 1989, e Johnson et al., 1990, citados por Koohmarie et al., s/d a,b).

Sabe-se que a explicação para a menor maciez da carne dos zebuínos e seus cruzamentos é o fato de apresentar altos níveis de calpastina, em comparação com a carne do gado europeu, resultando assim em menor fragmentação da miofibrila durante o período *post mortem* (Sainz, 1996; Felício, 1997a). No entanto, Shorthose (1996) sugere que essas diferenças podem ser devidas, em grande parte, ao fato de os animais serem abatidos na mesma idade, com diferenças nos pesos das carcaças e, consequentemente, na taxa de resfriamento, ou seja, resfriamento mais rápido das carcaças mais leves (zebuínas), que pode levar ao *cold shortening*.

Como os novilhos cruzados que são classificados como novilhos precoces apresentam 50% de sangue zebuíno, não aproveitam da superioridade dos taurinos sobre os zebuínos quanto à maciez da carne, não tendo assim vantagem sobre o novilho Nelore tradicional em relação a esse atributo.

De acordo com Luchiari Filho e Moura (1998), a idade do animal é, dentre os inúmeros fatores que afetam a maciez da carne, um dos mais importantes. Com a maciez da carne garantida com o abate de animais jovens e a utilização de técnicas adequadas durante as fases pré e pós-abate, está preservado esse atributo de qualidade (Luchiari Filho e Moura, 1997). Por outro lado, a carne proveniente do abate de animais extremamente erados (adultos) se caracteriza por apresentar o inconveniente de ser mais dura.

A idade do animal tem influência importante na maciez, pois a quantidade e a estrutura química e física do colágeno (laços internos) aumentam com a maturidade do animal. Considera-se que a maturidade é responsável, em grande parte, pela variabilidade na maciez da carne magra, diminuindo em função do envelhecimento animal. Em bovinos, após os 30 meses, a maciez diminui com o amadurecimento do animal, devido principalmente à acumulação do colágeno e sua menor solubilidade (Sainz, 1996; Shorthose, 1996). Outra explicação para a carne menos macia de animais abatidos tardiamente seria a menor fragmentação miofibrilar e, consequentemente, um menor amaciamento da carne durante a maturação. Isso pode ser explicado por uma menor atividade de proteases (calpaínas), ou por uma maior atividade de seus inibidores (calpastina) (Felício, 1997b).

Smith et al. (1988), citados por Felício (1997a), demonstraram que, enquanto a maturidade das carcaças passa de USDA A (aproximadamente 2 anos) para B (até 42 meses), a força de cisalhamento (WB) do contrafilé maturado por 8 a 10 dias aumenta de 3,23 para 3,39 kg; os escores de sabor/aroma, maciez e aceitação global tiveram uma pequena redução e a suculência não foi afetada. Passando de B para C (> 42 meses), de C para D (4 anos) e do D para E (5 anos), ocorreram sucessivos incrementos na força WB e reduções nos escores de maciez e aceitação global, como se vê na Tabela 9. Entretanto, todas as classes de maturidade deram carne numa faixa de valores aceitáveis de maciez (WB < 5,0 e maciez sensorial > 5,0), portanto, até as classes de maturidade D e E deram contrafilés maturados tão ou mais macios do que os zebuínos comumente encontrados no Brasil, o que pode estar mostrando que há outros fatores que exercem mais influência na maciez do contrafilé do que a maturidade do animal abatido (Felício, 1997a). Luchiari Filho e Moura (1997) reforçaram essa ideia, afirmando que, "a partir do momento em que os animais são abatidos jovens, como ocorre nos países de pecuária

Tabela 9. Médias dos escores de análise sensorial e força de cisalhamento (WB) de bifes de contrafilé, por grupo de maturidade USDA (Smith et al., 1988, citados por Felício 1997a).

Maturidade USDA	N	Análise sensorial[1] Sabor	Suculência	Maciez	Global	Força WB (kg)
A	60	6,31[a]	6,74[a]	7,02[a]	6,58[a]	3,23[a]
B	28	5,76[b]	6,64[a]	6,48[b]	6,12[b]	3,39[b]
C	47	5,68[bc]	6,46[ab]	6,14[c]	5,77[c]	3,71[c]
D	39	5,45[c]	6,34[b]	5,89[c]	5,55[c]	4,13[d]
E	21	5,53[bc]	6,45[ab]	5,10[d]	5,17[d]	4,72[e]

[1] Extremamente indesejável em sabor, seca, dura ou indesejável no global.
[a,b,c,d,e] Médias na mesma coluna seguidas de uma letra comum não diferiram (P > 0,05).

desenvolvida, a idade passa a ter importância menor no processo de maciez, enquanto outros fatores passam a exercer maior influência". Fato válido também para o Brasil, pois a idade de abate tem decrescido significativamente nos últimos anos.

Felício et al. (1981), visando avaliar o efeito da idade de abate de novilhos Nelore a pasto sobre as características da carcaça e qualidade da carne, agrupou os animais segundo sua idade em: I) 27 a 30 meses; II) 31 a 36 meses; III) 37 a 42 meses; e IV) 43 a 48 meses. Os animais jovens não apresentaram vantagem sobre os velhos em termos de qualidade da carne. Por outro lado, os animais do grupo I apresentaram menos gordura de cobertura, abaixo de 3 mm (2,5), o que não ocorreu nos demais. Houve tendência de maior teor de gordura intramuscular nos grupos de maturidade mais avançada. Contudo, em todos os grupos etários, o teor de gordura intramuscular esteve aquém do desejável. Felício et al. (1982ab) também não observaram diferença significativa na força de cisalhamento (WB) ou na avaliação organoléptica dos bifes de contrafilé, ao avaliarem três grupos de carcaças de novilhos Zebu terminados a pasto, denominadas I, II e III, com maturidade óssea USDA A (30-36 meses), C (36-48 meses) e E (> 48 meses), respectivamente. Porém, as carcaças dos grupos II e III eram mais pesadas e tinham melhor acabamento do que as do grupo I. Verificou-se também um aumento na espessura da gordura de cobertura com o incremento da idade do animal e uma correlação negativa entre o teor de lipídios e a força de cisalhamento (r = –0,49). Assim, é provável que qualquer vantagem potencial de grupo I, em ambos os estudos, tenha se perdido em decorrência da falta de acabamento das carcaças desse grupo em relação às demais.

Os resultados desses trabalhos (Felício, 1981, 1982ab) sugerem que a carne das carcaças de maturidade jovem não é necessariamente mais macia, conforme a literatura, podendo não diferir ou ser mesmo mais dura do que a de animais de maturidade mais avançada, em função de um acabamento adequado da carçaca.

Bouton et al. (1978), citados por Felício (1981), sugeriram que fatores tais como o peso e o acabamento da carcaça poderiam mascarar a influência da maturidade sobre a maciez da carne, por alterar a velocidade de resfriamento. Músculos de carcaças mais leves, com menos gordura subcutânea e gordura intramuscular, resfriariam mais rápido, encurtando mais e produzindo carne mais dura, ao passo que os músculos de carcaças mais pesadas, com mais gordura subcutânea e mais gordura intramuscular (marmoreio), resfriariam lentamente, encurtando menos e dando carne mais macia (Shorthose, 1996). A correlação entre a maciez e a temperatura dos músculos duas horas após o início do resfriamento é alta (Lochner et al., 1980, citados por Felício, 1982a). Desse modo, carcaças leves e magras de animais jovens vão produzir carne dura se a taxa de resfriamento for rápida. Ou seja, para ser assegurada a maciez da carne proveniente de animais jovens é necessário que suas carcaças tenham peso e acabamento adequados.

Certamente existem outros artigos científicos em que se pode constatar um apreciável efeito da idade, especialmente após os 42 meses, mas é preciso manter sob controle os fatores *post mortem*, para que esse efeito se manifeste (Felício, 1997a).

A maciez da carne também é influenciada pela condição sexual dos animais. Muitos autores demonstraram que a carne de tourinho (não castrado) é mais dura do que a carne de novilho (castrado) quando abatidos na mesma idade (Felício, 1997b).

Isso pode ocorrer por diferentes causas. Uma delas seria o resfriamento mais rápido, levando ao *cold shortening*, devido ao fato de as carcaças possuírem menos gordura de cobertura do que as de novilhos. Esta é a hipótese do componente miofibrilar. Outra, a menor solubilidade do colágeno da carne de touro, que seria uma desvantagem agravada pela idade dos animais, é a hipótese do componente colagênico (Felício, 1997b).

Shackelfold et al. (1992), citados por Felício (1997b), trabalhando com 144 bezerros castrados, não castrados e não castrados implantados com Ralgro ou Sinovex, afastaram a hipótese do componente colagênico ao não detectar diferenças nas quantidades de colágeno ou na porcentagem de colágeno solúvel entre os tratamentos. No estudo, ficou evidente que os castrados deram carne mais macia do que os tourinhos e que não houve nenhuma vantagem na utilização de anabolizantes.

A hipótese do componente miofibrilar ficou ainda mais atraente após a publicação do artigo de Huff-Logernan et al. (1995), citado por Felício (1997b), que compararam a maciez da carne de tourinhos e novilhos de 14 meses e de vacas de 44 a 108 meses e relacionaram a maciez das amostras de contrafilé maturadas a 2°C por 3, 7, 14 e 28 dias, às taxas de conversão de T1 (titina intacta) e T2 (titina degradada) e de desaparecimento de nebulina. A taxa de conversão de T1 a T2 foi mais lenta na carne dos tourinhos (mais dura) do que na de novilhos (mais macia), porém semelhante à que se viu na carne das vacas (também dura). Em geral, no 3º dia p.m., mais T1 e pelo menos alguma nebulina intacta eram evidentes nas amostras de carne de novilhos. No 7º dia, já não se encontrava nebulina em nenhuma amostra; daí em diante as comparações ficaram limitadas à degradação de T1 e T2. No 14º dia, a degradação de T1 era total nas amostras de novilhos, mas restavam traços de T1 nas amostras de tourinhos e vacas.

A degradação de titina e nebulina conduz à perda de integridade da banda I e da linha Z, levando à fragmentação miofibrilar e ao amaciamento da carne durante a maturação. As menores taxas de proteólise *p.m.* e, consequentemente, a maciez inferior da carne de tourinhos e vacas poderiam ser explicadas pela menor atividade de proteases (calpaínas), ou então, pela maior atividade de seus inibidores (calpastina) (Felício, 1997b).

Diante do exposto, pode-se esperar, pela não castração dos bezerros machos, alguns problemas decorrentes do estresse, que conduz ao *rigor mortis* atípico, à cor vermelho-escuro, à falta de acabamento, ao teor insuficiente de lipídios e ao endurecimento (ou não amaciamento) da carne. No entanto, devido à possibilidade de redução da idade de abate para 2 anos e do potencial das raças zebuínas para produzir esse tipo de animal a baixo custo, é preciso mais pesquisas para resolver os problemas levantados (Felício, 1997).

4.4. Fatores que afetam a cor da carne

A cor da carne é devida principalmente ao conteúdo e ao nível de oxidação da mioglobina. Ao cortar a carne, esta não contém oxigênio, portanto a mioglobina está em estado químico reduzido e apresenta coloração roxa. Após vinte ou trinta minutos, o oxigênio penetra na camada externa da carne, provocando a oxidação da mioglobina, mudando assim sua cor para um vermelho brilhante (Sainz, 1996). A concentração de mioglobina na carne é influenciada por vários fatores, como espécie, raça, idade, sexo, localização anatômica do músculo e exercício físico (Felício, 1997b).

A cor da carne pode ser utilizada como um indicativo de idade: em animais jovens ela apresenta coloração vermelho-cereja brilhante, em animais mais velhos é mais escura (Luchiari Filho et al., 1997b). Isso ocorre devido à maior concentração de mioglobina nos músculos dos animais mais velhos. A cor da gordura também é afetada pela idade de abate, tornando-se amarelada como decorrência da deposição prolongada de carotenóides das forragens (Felício, 1997a).

O sexo dos animais também tem influência marcante sobre a cor da carne, principalmente para animais inteiros. Levando em conta que a carne de animais não castrados tem maior concentração de mioglobina e maior incidência de $pH_{24h} > 5,4$ em relação à carne de animal castrado, é natural que a carne deste animal seja sempre mais escura do que a do novilho de mesma raça e maturidade. Essa diferença fica cada vez mais evidente com o aumento da idade dos animais (Felício, 1997b).

O comportamento sexual dos animais inteiros na fase pré-abate pode resultar em estresse e *rigor mortis* atípico, com prejuízos da qualidade da carne (Felício, 1997b). A esse tipo de anomalia dá-se o nome de *dark-cutting beef* ou DFD (*dark, firm and dried*). O aparecimento da DFD está diretamente relacionado a um mais baixo nível de glicogênio muscular por ocasião do abate, motivando elevado pH final da carne. Esse fenômeno pode ser ocasionado por estresse fisiológico, atividade física ou excitação emocional, condições normalmente encontradas nos animais antes do abate. Seu aparecimento resulta em carne de qualidade inferior, de cor escura e indesejável, com consequentes prejuízos para as indústrias do setor (Luchiari Filho, 1986).

5. Considerações finais

Em função do exposto, podemos concluir que o tipo predominante de animal abatido no Brasil como novilho precoce é o macho, meio-cruzado (Nelore × raças continentais), castrado, com 30 meses e pesando de 16 a 17 arrobas, terminado a pasto.

A carne produzida a partir desse tipo de animal provavelmente será mais dura e menos saborosa do que a do novilho Nelore tradicional, em função de o acabamento de carcaça ser inferior. A carne será dura devido à pouca proteção de gordura de cobertura contra o frio e de sabor inferior em função da falta de um mínimo necessário de gordura intramuscular para garantir esses atributos. No entanto, há duas opções para resolver tal problema. Uma seria abater esses animais quando atingissem grau adequado de acabamento de carcaça, o que provavelmente ocorreria em torno de 500 kg de peso vivo (18 arrobas), respeitando um mínimo de 3 milímetros de coberta de gordura. Outra opção seria adequar o manejo pré e principalmente pós-abate para preservar as qualidades dessas carcaças, mesmo com espessura de gordura de cobertura inferior a 3 milímetros. Isto implicaria principalmente adequar o resfriamento e o transporte desse tipo de carcaça, pois a indústria frigorífica nacional está direcionada para trabalhar com carcaças de zebuínos que não apresentam o problema da falta de acabamento. A adoção de uma das medidas apresentadas é fundamental para produzir uma carne de qualidade adequada a partir desses animais.

Referências bibliográficas

ALMEIDA, A. J.; BUNGENSTAB, D. J.; BUNGENSTAB, E. J. **O novilho precoce no Mato Grosso do Sul: um moderno sistema de produção de carne**. Campo Grande: UFMS, 1996. 170p.

BARBOSA, P. F. Cruzamentos para obtenção de novilhos precoces. In: ENCONTRO NACIONAL SOBRE NOVILHO PRECOCE, Campinas, 1995. **Programa e palestras.** Campinas: Cati, 1995. p. 75-92.

BARBOSA, P. F. Cruzamentos industriais e a produção de novilhos precoces. In: SIMPÓSIO SOBRE PRODUÇÃO INTENSIVA DE GADO DE CORTE, Campinas, 1998. **Anais.** Campinas: CBNA, 1998. p. 100-114.

CARDOSO, F. P. O novilho Nelore e sua carcaça. **Revista dos Criadores**, n. 815, p. 18-20, abr. 1998.

EUCLIDES, V. P. B.; EUCLIDES FILHO, K.; ARRUDA, Z. A. de et al. Suplementação a pasto: uma alternativa para produção de novilho precoce. **CNPGC Divulga,** nº 1, fev. 1995.

EUCLIDES, V. P. B.; EUCLIDES FILHO, K.; FIGUEIREDO, G. L. de et al. Suplementação a pasto, com concentrado para produção de bovinos de corte. In: REUNIÃO ANUAL DA SBZ, 34., Juiz de Fora, 1997. **Anais.** Juiz de Fora, 1997. v. 1, p. 249-251.

FELÍCIO, P. E. de; CIA, G.; PICCHI, V. et al. Qualidade das carcaças de novilhos Nelore e equações de previsão dos rendimentos em carne aproveitável. **Bol. Tec. do CTC**, n. 6, p. 1-24, 1981.

FELÍCIO, P. E. de; ALLEN, D. M.; CORTE, O. O. Rendimentos dos cortes cárneos brasileiros e norte-americanos segundo a maturidade da carcaça de novilhos Zebu. **Coletânea do Instituto de Tecnologia de Alimentos**, v. 12, p. 85-102, 1981-1982a.

FELÍCIO, P. E. de; ALLEN, D. M.; CORTE, O. O. Influência da maturidade da carcaça sobre a qualidade da carne de novilhos Zebu. **Coletânea do Instituto de Tecnologia de Alimentos**, v. 12, p. 137-150, 1981-1982b.

FELÍCIO, P. E. de. Fatores *ante* e *post mortem* que influenciam na qualidade da carne bovina. In: SIMPÓSIO SOBRE PECUÁRIA DE CORTE, 4., Piracicaba, 1996. Piracicaba: Fealq, 1997a. p. 79-98.

FELÍCIO, P. E. de. Carne de touro jovem. Apostila do Seminário e Workshop sobre Preservação e Acondicionamento de Carne Bovina *in natura*. Campinas, Ital, abr. 1997b.

KOOHMARIE, M.; SHACKELFORD, S. D. Effect of calcium chloride infusion on the tenderness of lambs fed b-adrenergic agonist. **Journal Animal Science**, v. 69, n. 6, p. 2463-2471, 1991.

KOOHMARAIE, M. The biological basis of meat tenderness ando potencial genetic approaches for its control and prediction. In: JOINT MEETING OF THE 41st ANNUAL ICOMST AND THE RECIPROCAL MEAT CONGRESS, Santo Antônio, Texas, 1995.

KOOHMARAIE, M.; WHEELER, T. L.; SHACKELFORD, S. D. **Maciez da carne: regulação e predileção**. USDA-ARS, U.S. Meat Animal Research Center, Clay Center, Nebraska. s/d a.

KOOHMARAIE, M.; CUTTER, C. N.; DORSA, W. M. et al. **A summary of beef quality and meat safety research**. USDA-ARS, U.S. Meat Animal Research Center, Clay Center, Nebraska. s/d b. 22p.

LANNA, D. P. Fatores condicionantes e predisponentes da puberdade e da idade de abate. In: SIMPÓSIO SOBRE PECUÁRIA DE CORTE, 4., Piracicaba, 1996. **Anais.** Piracicaba: Fealq, 1997. p. 41-78.

LUCHIARI FILHO, A. Proposta de um sistema de classificação de carcaças para ser implantado no Brasil. **Zootecnia**, v. 21, n. 3, p. 251-257, 1983.

LUCHIARI FILHO, A. Incidência do aparecimento de *dark cutting beef* como influência do manejo pré-abate. **Zootecnia**, v. 24, n. 4, p. 411-417, 1986.

LUCHIARI FILHO, A. Peso ideal de abate fica ao redor das 15 arrobas. **DBO Rural**, out. 1992.

LUCHIARI FILHO, A. Moderno novilho de corte. In: SEMANA DE AGRICULTURA "LUIZ DE QUEIROZ", Piracicaba, 1993. Curso de bovinocultura de corte. BOIN, C. (Coord.).

LUCHIARI FILHO, A. A importância da classificação das carcaças bovinas. In: ENCONTRO NACIONAL SOBRE NOVILHO PRECOCE, Campinas, 1995. **Programa e palestras.** Campinas: Cati, 1995. p. 125-128.

LUCHIARI FILHO, A. Perspectivas da bovinocultura de corte no Brasil. In: SIMPÓSIO SOBRE PRODUÇÃO INTENSIVA DE GADO DE CORTE, Campinas, 1998. **Anais.** Campinas: CBNA, 1998. p. 1-10.

LUCHIARI FILHO, A.; MOURA, A. C. de. Situação atual e tendências da pecuária de corte no Brasil relacionadas à qualidade da carne. **Pecuária de corte**, v. 7, n. 66, p. 96-97, 1997.

LUCHIARI FILHO, A.; MOURA, A. C. de. Influência do peso da carcaça e da espessura de gordura na maciez da carne bovina. **Pecuária de corte,** v. 8, n. 75, p. 56-58, 1998.

LUCHIARI FILHO, A.; MOURA, A. C. de; GIORGI, O. Sistemas de classificação e tipificação de carcaças bovinas (I). **Pecuária de corte,** v. 7, n. 69, p. 44-46, 1997a.

LUCHIARI FILHO, A.; MOURA, A. C. de; GIORGI, O. Sistemas de classificação e tipificação de carcaças bovinas (II). **Pecuária de corte,** v. 7, n. 70, p. 38-45, 1997b.

MATTOS, J. C. A. de; LUCHIARI FILHO, A. Classificação de carcaças bovinas. Nova Odessa: Instituto de Zootecnia, 1978. 22p. (Boletim técnico nº 8).

SAINZ, R. D. Qualidade das carcaças e da carne ovina e bovina. In: CURSO SOBRE PRODUÇÃO, QUALIDADE E COMERCIALIZAÇÃO DE CARNES, 1., Ribeirão Preto, 1996. Ribeirão Preto: USP, 1996. Apostila. 14p.

SHORTHOSE, W. R. Factors affecting beef tenderness. In: **Avanços e perspectivas em tecnologia de carne.** Campinas: Centro de Tecnologia de carnes, 1996. p. 71-85.

Aristeu Mendes Peixoto
Marco Antonio Penati

Instalações e equipamentos para o confinamento do gado de corte

1. Considerações gerais

As instalações têm grande participação nas despesas iniciais para a implantação do confinamento, exigindo, frequentemente, pesados investimentos na construção de algumas edificações ou na adaptação das já existentes e, mais ainda, na aquisição de equipamentos especializados.

Segundo autores americanos citados por Thompson e Allen (1974), esses custos iniciais podem variar de 15 a 40 dólares por animal confinado, para os conjuntos de piquetes ou baias, cochos, bebedouros, corredores, dependendo do tipo de material utilizado, do revestimento do piso, da qualidade das cercas, da construção de abrigos e instalações complementares, e ainda de outras exigências relacionadas com o condicionamento prévio dos animais, o preparo e a distribuição dos alimentos incluídos na dieta. O número de vezes que o rodízio de animais acontece nos piquetes também influi no custo por cabeça.

Em nosso meio ainda são escassos os dados a respeito do problema, mas tudo leva a crer que os custos iniciais das instalações sejam semelhantes, muito embora as construções e os equipamentos utilizados sejam mais simples e seja maior a área física geralmente empregada por cabeça em confinamento.

De acordo com os resultados obtidos na Estação de Agricultura da Universidade Estadual de Ohio, Estados Unidos, citados por Newmann e Snapp (1969), excluindo-se os alimentos, os custos de depreciação, manutenção e taxas de seguro das instalações (mão de obra, tratores e máquinas diversas, produtos veterinários, eletricidade, telefonia e outros) representam a maior porcentagem do custo total, com uma variação geralmente de 33% a 40%.

Por outro lado, sabe-se que o tipo de instalação exerce papel fundamental na prática do confinamento, com reflexos significantes no desempenho dos animais, especialmente no ganho de peso diário e na eficiência de conversão alimentar.

Em nosso país, ao contrário do que ocorre em outras regiões de pecuária intensiva, a adoção do confinamento do gado de corte é motivada com mais frequência pelo diferencial de preços do boi gordo, aproveitando o período de entressafra, e restringindo-se, portanto, à estação seca e fria do ano. Por esse motivo, na maioria dos casos, a exploração adquire caráter regional ou ocasional, fato esse acusado pela alta rotatividade de empresários no setor, muito embora o número de confinadores no Estado de São Paulo venha crescendo (Benedini, 1982). Segundo estimativas da Anualpec (1997), o número de animais confinados (não incluindo os semiconfinamentos) no Brasil aumentou de 435.000, em 1986, para 1.435.000, em 1996.

Além disso, a circunstância de utilização das instalações por apenas uma parte do ano, geralmente no período da seca, determina um baixo investimento para sua construção ou adaptação; em decorrência disso, elas são, na grande maioria, de natureza muito rústica, bem simples e práticas. Esse sistema de baixo custo, segundo Thiago e Costa (1984), apresenta as melhores condições para competir com a engorda em pastagens.

Diante dessas considerações, torna-se oportuno conhecer com algum detalhamento os principais tipos de instalações usualmente recomendados na prática do confinamento, além de suas vantagens e limitações e os vários fatores que afetam sua viabilidade técnica e econômica, tendo em vista avaliar as possibilidades de seu emprego para as condições brasileiras.

2. Natureza das instalações

Basicamente, uma unidade de confinamento para gado de corte deve incluir quatro setores de atividades ou operações, com suas instalações mínimas respectivas, a saber:

2.1. Setor de terminação ou de confinamento propriamente dito. Inclui os piquetes ou currais de engorda (também chamados de baias ou mangueiras), cochos diversos, bebedouros, galpões para alimentação ou abrigo, cercas, corredores de alimentação e de serviço etc.

2.2. Setor de condicionamento, destinado à recepção e preparo dos animais. Constituído por curral geral, embarcadouro, brete, balança, tronco de contenção, currais de apartação, baias especiais para enfermaria, bebedouros, cochos etc. Nos casos de grandes confinamentos, em que a permanência e o rodízio dos lotes são maiores, recomenda-se construir um quaternário, localizado a conveniente distância do núcleo central.

2.3. Setor de alimentação. Inclui área para plantio (milho ou sorgo para silagem, capineiras, cana-de-açúcar etc.), instalações (silos, fenil, galpões etc.), máquinas e equipamentos especializados (tratores, carretas, desintegradores, misturadores, balanças, utensílios etc.) para produção, depósito, preparo e distribuição dos alimentos e rações. Escritório para gerenciamento e uma pequena farmácia de produtos veterinários costumam fazer parte desse conjunto.

2.4. Setor de despoluição. Suas instalações destinam-se perpetuamente à eliminação e/ou aproveitamento dos resíduos sólidos e líquidos produzidos durante as operações, contribuindo, assim, para evitar ou atenuar a poluição do ambiente (esterqueiras, tanques ou lagoas de retenção, lagoas de sedimentação, canais de drenagem etc.). Também deverá contar com equipamentos ou máquinas especializadas para remoção de resíduos, bem como para lavagem e limpeza das instalações. Esse setor, malgrado sua importância nas regiões em que já existem normas reguladoras de proteção ambiental, como na Europa e nos Estados Unidos, é praticamente desconsiderado em nossas condições, seja pelo menor tamanho das explorações e baixo volume de resíduos, seja pela falta de preocupação dos interessados e das autoridades com a gravidade do problema. Em algumas propriedades, quando muito se constroem esterqueiras ou depósitos de esterco no nível do solo.

3. Tipos ou sistemas de confinamento

As principais variações das modalidades de confinamento devem-se mais ao setor de terminação, uma vez que, salvo pequenas exceções, os demais setores mencionados no item 2 obedecem a conceitos, normas e requisitos mais ou menos padronizados, e apenas diferem entre si quanto a detalhes de dimensionamento, natureza do material de construção, requintes de acabamento ou, ainda, tipos de equipamentos utilizados.

No que se refere ao setor de terminação, considerado a área chave das operações, as modalidades de piquetes ou currais de engorda costumam ser bem diversas, dependendo do desenvolvimento já alcançado no processo. A classificação a seguir representa uma tentativa de reunir as modalidades principais, utilizando-se como critério a condição das áreas de alimentação e de descanso:

3.1. Curral (piquete) com áreas de alimentação e descanso descobertas (curral a céu aberto).

3.2. Curral (piquete) com área de alimentação coberta e área de descanso descoberta. Inclui as seguintes variações quanto à área de alimentação:

a. cocho coberto em toda a extensão;

b. galpão ou estábulo de alimentação.

3.3. Curral (piquete) com área de alimentação descoberta e área de descanso coberta. Neste caso existe um galpão para abrigo dos animais, geralmente usado nas regiões de inverno rigoroso.

3.4. Curral (piquete) com áreas de alimentação e descanso cobertas. Este tipo constitui o chamado estábulo de confinamento, sem acesso dos animais a áreas externas, descobertas.

Dentre as modalidades acima, são mais frequentes em nosso meio as duas primeiras, com grande preferência pela descrita em

3.1, devido ao menor custo dos investimentos e às facilidades para construção. Em geral, as instalações se restringem a um conjunto formado por cercas, cochos, bebedouros e saleiros, dispostos sob piso não revestido e com declividade adequada. Tendo em vista que o confinamento é geralmente realizado na época seca do ano, o fato de as instalações serem inteiramente descobertas e a ocorrência de chuvas esporádicas não trazem prejuízos maiores à alimentação ou à eliminação de resíduos. Portanto, embora rústicos e simples, podem ser razoavelmente funcionais.

Todavia, quando se procura maior conforto dos animais e refinamento das construções para utilização de grande permanência, alguns fatores importantes devem ser considerados na tomada de decisão sobre a modalidade de instalação a ser adotada. O manual número 6 do *Windwest Plan Service* (1975), dos Estados Unidos, sobre alojamentos e equipamentos para o gado de corte recomenda observar o seguinte:

1. tipos de instalações já existentes e a possibilidade de seu aproveitamento para os fins em questão;
2. área física disponível, bem como as condições de topografia, drenagem e alagamento. Em geral, estima-se que para a instalação de um confinamento a área de 1 hectare é suficiente para abrigar entre 200 e 225 cabeças de gado adulto (Thompson e Allen, 1974), incluindo-se nesse cálculo não apenas os currais de engorda ou terminação, mas também todas as instalações complementares dos setores de condicionamento, de alimentação e de despoluição;
3. influência de temperatura, ventos, chuvas, umidade relativa e outros fatores climáticos importantes na região sobre as operações de rotina e o desempenho dos animais, especialmente consumo de matéria seca, ganho de peso diário e eficiência de conversão alimentar;
4. adequação das instalações aos regulamentos vigentes na região sobre a poluição do ambiente;
5. disponibilidade de investimentos em capital e mão de obra para as construções;
6. preferência pessoal do interessado e sua habilidade gerencial.

As Figuras 1 a 3 mostram currais a céu aberto, mas sem incluir detalhes de dimensionamento, uma vez que estes dependem do número de cabeças, natureza do piso e outros fatores discutidos adiante.

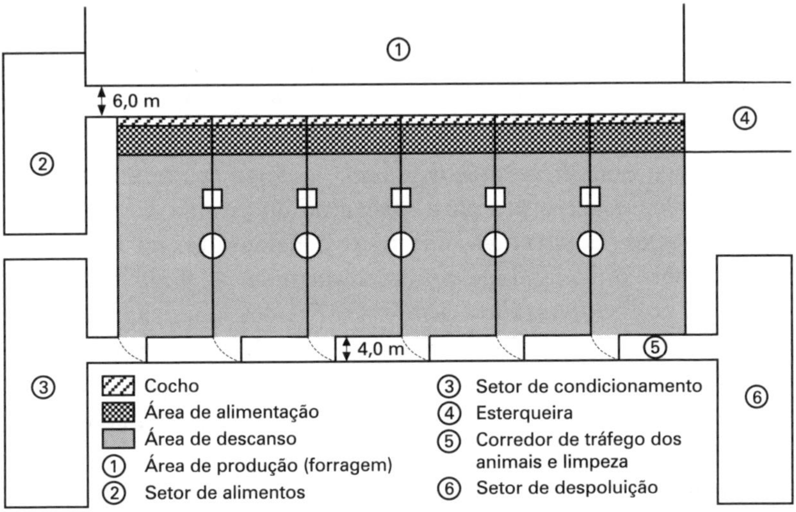

Figura 1. Confinamento a céu aberto com uma linha de cochos.

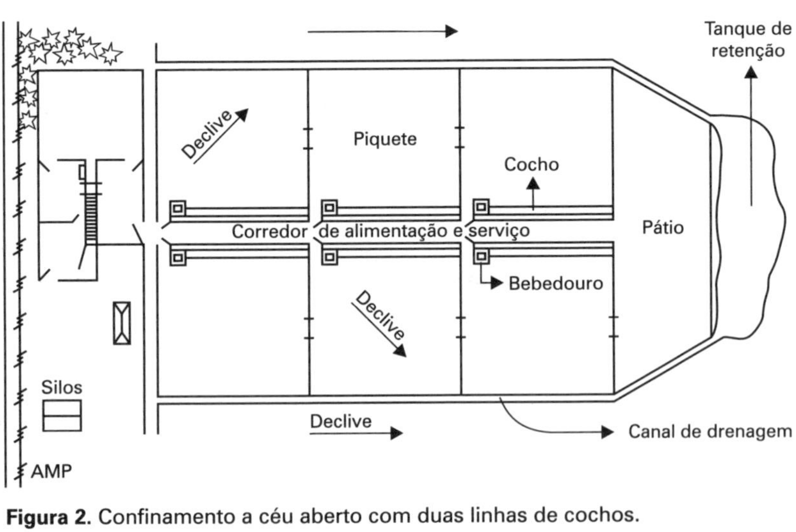

Figura 2. Confinamento a céu aberto com duas linhas de cochos.

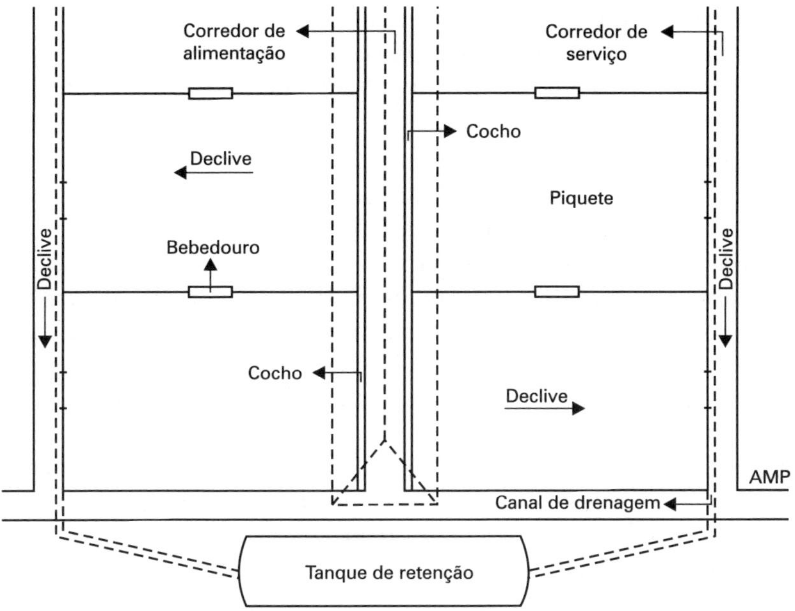

Figura 3. Confinamento a céu aberto com duas linhas de cochos cobertos.

4. Localização do confinamento

A escolha do local de confinamento, ou mais especificamente dos currais ou piquetes de engorda, onde os animais permanecem por alguns meses ou até mesmo o ano todo, deve levar em conta alguns pontos importantes relacionados aos seguintes aspectos, principalmente: 1) bem-estar dos animais; 2) controle da poluição ambiente; 3) situação de outras instalações ou construções.

Deve-se dar preferência a terrenos de solo seco e bem drenado, com pequena declividade (2 a 4%), especialmente quando se trata de piso não revestido, procurando-se situar o eixo maior do conjunto dos currais aproximadamente no sentido norte-sul. Os ventos predominantes, em especial os do quadrante sul, constituem motivo de preocupação quando não se dispõe de galpões para a proteção dos animais. A inclusão de quebra-ventos no planejamento, em lugar estratégico, junto às cercas ou à beira das estradas ou corredores, a uma distância das construções de aproximadamente duas vezes a altura potencial das árvores, representa uma forma segura e muito conveniente para proteger os animais, além de lhes garantir sombra durante algumas horas do dia.

O local ideal é aquele que permite a contenção completa dos resíduos (dejeções e alimentos) e sua reciclagem para as culturas e, em última análise, para os próprios animais. Por conseguinte, a escolha do local deve levar em conta, sempre que possível, a posição dos currais a montante da área destinada à construção de esterqueira ou, se for o caso, de um tanque de retenção ou formação de uma lagoa de sedimentação. Por seu lado, os currais ou piquetes de engorda devem apresentar declividade a partir da área de alimentação (cochos externos ou galpões de alimentação), de modo a possibilitar a captação das águas servidas. Não existe nenhuma distância especificada entre o confinamento e a margem do rio ou córrego destinado a receber as dejeções e águas servidas. Todavia, deve-se considerar a existência de espaço suficiente entre o limite inferior dos currais e o córrego, para a construção das instalações destinadas à retenção e posterior aproveitamento das matérias residuais.

Devido ao problema de poeira e de cheiro, especialmente no caso de grandes explorações, é necessário observar com cuidado a direção do vento predominante para localizar o confinamento nesse sentido, pelo menos a um quilômetro de distância das residências.

A posição dos currais de engorda está evidentemente associada à localização dos outros setores do confinamento. De preferência, o setor de alimentação deve ficar a montante da linha dos currais, para facilitar a distribuição das rações. Do mesmo modo, o setor de condicionamento, disposto na mesma linha de nível dos currais, deverá trazer maiores facilidades para o trânsito dos animais após o condicionamento e para sua saída, quando prontos para o abate. Essa distribuição planejada dos três setores possibilita a construção mais funcional dos corredores de serviço para limpeza dos currais e remoção dos resíduos sólidos e líquidos.

O local do confinamento deve ainda permitir fácil acesso por meio de estradas, especialmente quando for grande o contingente de animais envolvido nas operações, a fim de assegurar não apenas o transporte de gado, mas também de alimentos durante o ano todo.

Finalmente, mas não menos importante na escolha do local, está o suficiente suprimento de água de boa qualidade, necessária para o consumo dos animais e para as lavagens periódicas e a limpeza dos cochos e currais de engorda, bem como para fornecimento a outros setores. Segundo dados da Circular do Colégio de Agricultura e Mecânica da Universidade do Texas (1974), o total de água necessário para o consumo diário é de 35 a 45 litros por cabeça de gado adulto, conforme a estação do ano e a ingestão de matéria seca de ração. Todavia, deve-se prever no reservatório uma quantidade adicional de 75 a 115 litros por cabeça, para os serviços de limpeza e o abastecimento das demais dependências da exploração.

5. Especificações zootécnicas das principais instalações

Neste trabalho pretende-se discutir tão-somente as especificações zootécnicas recomendadas para as instalações mais diretamente ligadas ao processo, ou seja, as que compõem o setor de terminação ou engorda, uma vez que as demais, salvo raras exceções, são também utilizadas no manejo dos animais em outras fases do ciclo criatório, já conhecidas da maioria dos usuários.

5.1. Curral ou piquete de engorda. Também chamado de mangueira ou baia, é a instalação sobre a qual costuma recair a maior atenção dos interessados. Por esse motivo, há na literatura grande número de recomendações sobre seu planejamento e construção, nem sempre muito concordantes, mas que podem ser resumidas como se segue:

5.1.1. Dimensões: em geral o curral é construído para abrigar entre 50 e 200 cabeças; como indicação prática, utiliza-se o limite menor para o gado mais erado e o maior para bezerros ou animais de sobreano. Alguns autores americanos recomendam adotar um número igual ou múltiplo de 60, que corresponde à capacidade de carga de um caminhão de transporte de gado naquele país.

5.1.2. Área disponível por animal: as recomendações variam de acordo com o tipo de piso, revestido ou não. No primeiro caso, as medidas por animal são mais baixas, de 5 a 10 m^2. Portanto, nos currais revestidos é possível praticamente dobrar o número de cabeças, uma vez que fica garantida a melhor limpeza do local, evitando-se o acúmulo de lama ou de poeira, conforme a época do ano. Nos currais de piso revestido e dotados de galpão para descanso e proteção dos animais, a metragem pode ser ainda menor. Já nos currais não revestidos, em clima muito úmido, é preciso aumentar as dimensões para 35 a 40 m^2 por animal, ou até mais, para que o piso se mantenha em boas condições. Segundo levantamento feito pela Epamig no Estado de Minas Gerais em 1978 e 1979 (Paulino et al., 1980), a área disponível por animal nos confinamentos em execução acusou índices entre 7,4 e 50 m^2, o que revela serem ainda muito variados os critérios utilizados.

5.1.3. Piso: o piso não revestido, de chão batido, é encontrado na maioria dos confinamentos de curral a céu aberto em nosso meio, onde, quando muito, é feito revestimento com cascalho. Essa prática reduz sensivelmente o custo das instalações, uma vez que as despesas para revestir o piso, em geral, alcançam de 40 a 45% do investimento inicial, dependendo do material utilizado. Todavia, ao se adotar a medida de não revestir, convém oferecer a declividade adequada ao curral (2 a 8%) a partir da situação dos cochos, de forma a possibilitar suficiente escoamento das águas de superfície no sentido do corredor de serviço, adjacente e externamente ao qual se localiza um canal coletor de drenagem.

Os currais de piso revestido são semelhantes aos não pavimentados, exceção feita à declividade do terreno, que pode ser bem menor, de aproximadamente 0,5 a 1,0%.

A pavimentação do curral de engorda é considerada vantajosa pelos seguintes aspectos (Newmann e Snapp, 1969): 1) aumenta o conforto dos animais e, portanto, promove maiores e mais eficientes ganhos de peso; 2) reduz o trabalho com a alimentação e a limpeza; 3) facilita o aproveitamento de maior volume de esterco. De acordo com as observações feitas em Wooster, Ohio, Estados Unidos (1960), os ganhos diários podem ser aumentados em cerca de 150 gramas por cabeça nos currais com piso de concreto em relação aos de piso de terra. Segundo Veloso (1977), citando dados obtidos também em condições americanas, na Califórnia, os ganhos de peso por dia em piso de concreto chegam a superar em mais de 400 gramas a performance dos novilhos mantidos sob piso não revestido e tomado por lama. Igualmente, o índice de conversão alimentar foi cerca de 20% maior para os animais sobre piso revestido.

O revestimento mais comum é o de concreto. Outras alternativas são as lajotas de formato poligonal ou o asfalto. Este último, embora mais barato, é um revestimento discutível, principalmente em regiões quentes, onde ele sofre amolecimento e rachaduras frequentes.

Outra modalidade de pavimentação já utilizada em alguns países e recomendada pela *Environmental Protection Agency* dos Estados Unidos, em 1972, consiste na combinação de piso com ranhuras ou vãos junto aos cochos e de piso revestido (inteiriço) ou não no restante do curral. Sob o piso com ranhuras corre um canal coletor, em geral de fundo revestido, com declividade de mais ou menos 1%, destinado a captar esterco, urina e águas servidas. Assim, a parte sem ranhuras do curral deve manter uma situação inclinada em relação à parte com ranhuras, com declividade de 3 a 5% para piso não revestido e de 0,5 a 1,0% para piso revestido.

5.1.4. Cochos: são vários os tipos ou modelos de cochos adotados para distribuição de alimentos volumosos e/ou concentrados.

- **Quanto ao material de construção:** existem os de concreto (pré-moldados), de tijolos revestidos de cimento liso, de plástico, de madeira, de fibra de vidro, sendo os dois últimos geralmente desmontáveis.
- **Quanto à proteção ao tempo:** os cochos podem ser cobertos ou descobertos. No primeiro caso, tanto os alimentos como os animais podem ser, até certo ponto, protegidos contra o sol e a chuva. A cobertura é, em geral, de uma água quando os cochos permitem acesso por apenas um lado e, nesse caso, costumam ficar situados junto à cerca onde passa o corredor de alimentação. A cobertura de duas águas é normalmente recomendada para os cochos de duplo acesso, localizados no centro do curral ou na linha divisória de dois currais. Além dessas alternativas de colocação dos cochos, que são as mais frequentes para os currais parcialmente cobertos, existe a possibilidade de localizá-los no interior de galpões especiais, de alimentação, onde obedecem às disposições clássicas dos

animais, frente a frente ou costa a costa. Existe uma variedade muito grande de plantas e modelos para as estruturas de suporte (tesouras e treliças) da cobertura dos cochos, e sua escolha dependerá do material a ser utilizado (madeira, vigas metálicas, canos etc.), da quantidade de investimento disponível e, certamente, do gosto pessoal do interessado.

Quanto ao dimensionamento dos cochos para alimentos volumosos e/ou concentrados, as recomendações encontradas na literatura às vezes diferem muito entre si. As seguintes medidas poderão ser adotadas para as nossas condições (Haddad, 1985):

- **Cocho de acesso simples:** largura do topo: 0,70 m; largura do fundo: 0,50 m; profundidade: 0,35 m; borda superior: a 0,70 m do solo.
- **Cocho de acesso duplo:** largura do topo: 1,0 m; largura do fundo: 0,50 m; profundidade: 0,35 m; borda superior a 0,70 m do solo.
- **Comprimento:** 0,70 m/animal, para que todo o lote de animais seja alimentado ao mesmo tempo.

Algumas variações podem ser observadas nas Figuras 4 e 5. Uma delas é a altura do cocho do lado interno (do animal), que, segundo os extensionistas americanos, deve ser mais baixo que o externo (0,50 a 0,60 m) para facilitar a distribuição e impedir o desperdício. Também o espaço por animal, para efeito do cálculo do comprimento, costuma ser mais reduzido quando os novilhos são confinados em idade mais jovem (0,45 a 0,60 m).

Em alguns confinamentos, os cochos costumam ser dispostos no nível do chão, junto ao corredor de alimentação ou ao longo das cercas divisórias, para facilidade de instalação ou construção. Nesses casos, o desperdício é geralmente maior, havendo ainda o inconveniente de entrada mais fácil dos animais nos cochos.

Uma recomendação importante tanto para os cochos cobertos como para os descobertos é a construção de uma calçada de concreto ao longo deles, cuja largura varia de 1,80 a 3,50 m, segundo a precipitação pluvial da região. Para evitar a mistura de fezes com o alimento e facilitar a limpeza, a calçada deve apresentar um degrau de 0,30 a 0,40 m de largura e 0,13 a 0,14 m de altura, junto à base

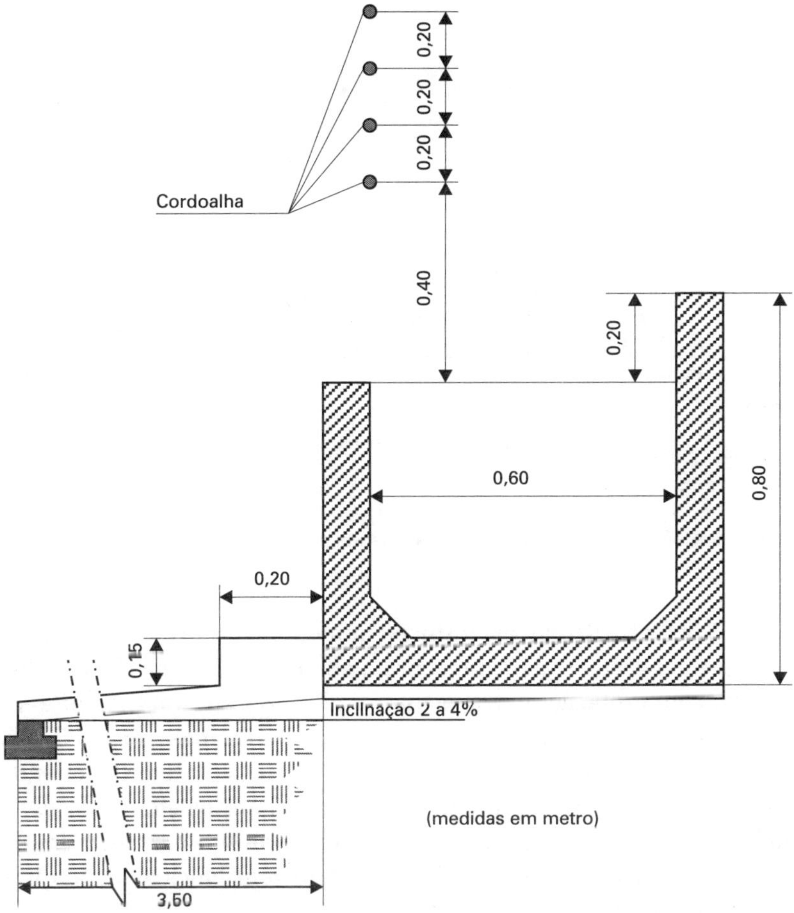

Figura 4. Cocho de alvenaria com acesso unilateral.

do cocho, bem como declividade de aproximadamente 4% (*Midwest Plan Service*, 1975).

Para evitar a entrada dos animais nos cochos, recomenda-se a colocação de três fios ou cabos de aço, o primeiro a 0,60 m e os outros a 0,15 m um do outro, acima do nível da borda interna do comedouro (Fraga e Pires, 1980). Para não ferir os animais, costumam-se proteger os cabos de aço com um tubo ou mangueira de plástico resistente.

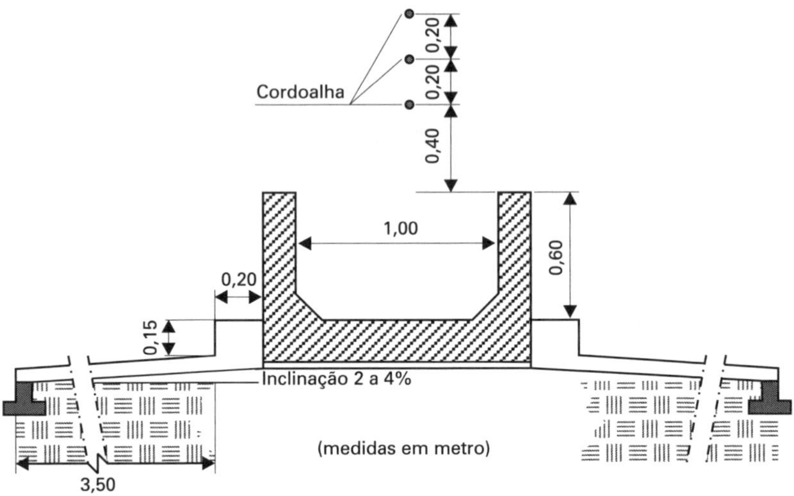

Figura 5. Cocho de alimentação com acesso bilateral.

5.1.5. Coberturas e sombras: numerosos experimentos indicaram que em geral o gado apresenta melhor desempenho quando dispõe de certa proteção contra os fatores adversos do clima. Admite-se, pois, que nas regiões tropicais, mais quentes e úmidas, como o Brasil Central, tanto os animais novos como os de recria e engorda, quando submetidos a confinamento, não chegam a sofrer os efeitos desfavoráveis da temperatura e da umidade relativa do ar se dispõem de abrigos na forma de galpões abertos e bem ventilados ou de árvores de sombra adequadamente distribuídas.

Todavia, as observações conduzidas por Santos et al. (1971) na Bahia não confirmaram essa suposição no que diz respeito a animais erados submetidos a engorda. Numa comparação entre galpão semicoberto e curral a céu aberto apenas com cochos cobertos, os animais confinados revelaram tendência, embora não significativa estatisticamente, a maior ganho de peso na segunda modalidade de instalação. A principal vantagem do curral a céu aberto, enfatizada pelos autores, residiu na rápida adaptação dos animais oriundos do regime extensivo de criação a seu novo ambiente, num amplo piquete de 56 m^2 por cabeça.

Os dados dos pesquisadores brasileiros foram corroborados por Leu et al. (1977), na Universidade Estadual de Iowa, Estados Unidos, que também não conseguiram demonstrar o efeito significativo do curral semicoberto em relação ao de céu aberto, tanto para a eficiência de conversão alimentar como para o ganho diário de peso em novilhos confinados. Todavia, neste último parâmetro acusaram uma tendência positiva a favor dos animais em currais semicobertos.

Muhamad et al. (1983), também em Iowa, verificaram que os novilhos em engorda a céu aberto e em currais semicobertos não diferiram entre si no que diz respeito a ganho diário de peso, mas foram significativamente superiores aos animais confinados em galpões fechados. Geralmente, os novilhos em currais semicobertos ganharam peso mais rapidamente e consumiram mais matéria seca por dia do que os mantidos em currais sem proteção alguma, numa tendência que não se revelou significativamente importante.

Zinn (1993), possibilitando o acesso de garrotes à sombra (3,3 m^2 por cabeça), observou aumento significativo no ganho de peso para os animais com acesso à sombra. Para a conversão alimentar, o efeito não foi significativo, conforme pode ser confirmado na Tabela 1.

5.1.6. Cercas: podem ser construídas de moirões de madeira roliça ou de cimento e devem ter de 1,70 a 1,80 m de altura. As cercas

Tabela 1. Efeito da disponibilidade de sombra no desempenho de garrotes confinados e valor energético da dieta.

Parâmetro	Sombra/m²/garrote		
	0	3,3	Desvio-padrão
Dias confinados	84	84	—
Peso inicial — kg	299	290	8,4
Peso final — kg	424,7	428,0	9,5
Ganho de peso — kg/dia	1,50[a]	1,64[b]	0,13
Ingestão de água — L/dia	40,6	45,6	14,5
Consumo de MS — kg/dia	7,64	8,08	0,32
Conversão alimentar	5,12	4,95	0,34
Elm — Mcal/kg	2,2	2,20	0,08
EL g — Mcal/kg	1,52	1,52	0,07

Desconto de 4% relativo ao TGI; a,b $P < 0,05$.
Dados meteorológicos: precipitação: 0 m; radiação solar: 268 watts/m²; temp. máx.: 41°C, mín.: 23°C, média: 31°C; UR máx.: 67%, mín: 30%, média: 45%; vento: 2,0 m/s.
Adaptado de Zinn, 1993.

geralmente são feitas de arame liso (6 a 7 fios) ou cabos de aço (cordoalha). Algumas fazendas utilizam sucatas industriais, por exemplo da usina açucareira, para montar as cercas do confinamento. Em alguns currais de engorda, é costume completar a cerca com uma régua-tampão que impede as tentativas de salto dos animais ainda não adaptados. Os detalhes de construção da cerca praticamente não diferem daqueles já conhecidos para os currais clássicos.

5.1.7. Bebedouros: em sua maioria construídos de alvenaria de tijolos, revestida de cimento liso, os bebedouros se localizam, de preferência, na linha divisória dos currais, permitindo, portanto, duplo acesso. No caso de curral a céu aberto, costuma-se dispor do bebedouro no final do cocho corrido, na linha da cerca divisória.

Quanto ao comprimento, geralmente é calculado segundo o critério de 1 a 3 cm para cada unidade animal. O ponto importante é a vazão de água nos bebedouros, que devem suprir todo o consumo de água pelo menos 6 horas por dia. Os bebedouros circulares, que podem ser localizados tanto no centro do curral como junto às cercas, estão se tornando populares graças à facilidade de acesso dos animais, reduzindo as brigas, e à instalação mais simples. Esses tipos de bebedouros podem ser de concreto (pré-moldados) ou metálicos. Dois aspectos devem ser observados na instalação do bebedouro: a fixação de boia de controle automático, adequadamente protegida, e a construção de uma calçada de concreto ao redor, de largura variável, não menor que 1,80 m.

5.1.8. Saleiros: também chamados de cochos para mistura mineral, são construídos em material e modelo muito variáveis. A preferência, em nosso meio, geralmente recai sobre cochos de madeira com divisão interna, abrigados por estrutura de madeira coberta de telhas comuns ou de cimento-amianto, em uma ou duas águas. Atualmente existem fábricas que produzem saleiros pré-moldados de cimento. A localização recomendada para saleiros desse tipo é junto à cerca do curral. Algumas plantas sugerem sua localização no final do cocho para volumosos e concentrados, na linha divisória entre dois currais. A tendência cada vez mais generalizada de acertadamente incluir os minerais nos concentrados da dieta deverá abolir a necessidade de saleiros.

5.1.9. Corredores: o correto manejo dos animais no confinamento depende muito das facilidades de acesso aos diferentes setores da unidade. Por esse motivo, os corredores de serviço (condução de animais, limpeza dos cochos e bebedouros, retirada de esterco etc.) devem ser separados dos de alimentação.

Em geral, recomenda-se que o corredor de alimentação deve facear os cochos por seu lado externo, enquanto o corredor de serviço deve ficar junto e externamente à cerca de fundo do curral. Quando existem conjuntos de currais localizados de ambos os lados de uma linha central, o corredor de alimentação deve situar-se sobre ela para facilidade de distribuição. Neste caso, pode ser construído um abrigo amplo sobre o corredor, suficiente para proteger os cochos laterais, bem como os animais, parcialmente.

Os corredores de alimentação podem variar de 3,50 a 12 m de largura, dependendo do tamanho do confinamento. A largura de 6,0 m garante a passagem de dois veículos ao mesmo tempo e, em grandes confinamentos, isso permite economizar tempo. Embora não necessariamente, deve-se dar preferência ao corredor de alimentação pavimentado, revestido de concreto, cascalho ou asfalto, mesmo para os confinamentos a céu aberto, nas regiões de grande precipitação.

Os corredores de serviço também apresentam dimensões variáveis, semelhantes às dos corredores de alimentação. Como as porteiras dos currais geralmente se abrem sobre o corredor de serviço, é costume fazer coincidir o comprimento delas (3,60 a 4,80 m) com a largura daquele, para facilitar a lida com o gado. Nos grandes confinamentos, os diversos corredores de serviço confluem para um corredor central, que conduz ao conjunto de brete, currais anexos e embarcadouro.

6. Setor de condicionamento

De acordo com dados obtidos nas condições americanas de confinamento (Preston e Willis, 1974), as perdas financeiras ocasionadas pelo descarte ou pela morte dos animais, quando transferidos do regime extensivo de pastagem onde foram criados para o intensivo de terminação ou engorda, variam de 10 a 20 dólares por cabeça introduzida no confinamento. Embora não se configure uma situação semelhante no Brasil, onde ainda não é costume confinar bovinos bem jovens ou de sobreano, essas cifras demonstram como são importantes as medidas que visam preparar os animais antes de adentrarem a área de confinamento, adotadas por meio de instalações adequadas a esse objetivo.

As seguintes instalações mínimas são consideradas necessárias no setor de condicionamento: 1) curral geral, com embarcadouro para recepção dos animais destinados ao confinamento; 2) brete com seringa e corredor; 3) curraletes para apartação; 4) balança (mecânica ou eletrônica) para animais; 5) tronco de contenção fixo ou móvel; 6) baias enfermarias; 7) pedilúvios; 8) banheiro carrapaticida (opcional). As especificações zootécnicas dessas instalações são de conhecimento geral e se acham bem descritas nas publicações especializadas (Carneiro, 1961; Ghelfi, 1980; Micheletti e Cruz, 1985).

Atualmente existem no mercado nacional várias empresas especializadas na venda de equipamentos para contenção e confinamento de gado. Do mesmo modo que para bebedouros, cochos e saleiros, existem fábricas que produzem e montam currais pré-moldados de concreto.

Recentemente foram lançados no mercado troncos com a balança (eletrônica ou mecânica) conjugada. Essa balança pode ser desacoplada do tronco quando não é utilizada. As vantagens desse tipo de tronco é a redução no manejo com os animais e o aumento do comprimento do corredor. Algumas balanças eletrônicas têm saídas para microcomputadores que, por meio de softwares, processam as informações e emitem vários tipos de relatórios sobre a pesagem.

7. Setor de alimentação

Esse setor é composto pelas áreas destinadas à produção e manipulação dos alimentos volumosos (cana-de-açúcar, feno, silagens de milho, sorgo e capim etc.) e concentrados (sal mineral, grãos de milho e sorgo, farelos de soja, algodão, trigo etc.).

Em vários países da Europa e da América do Norte é comum encontrar-se fazendas que produzem alimentos volumosos para vendê-los às propriedades que realizam confinamento de animais para engorda.

No Brasil esse sistema de produção é pouco realizado e geralmente ocorre em casos restritos e de emergência, por exemplo, na falta de alimento na propriedade. Nesses casos, em geral o produtor compra um alimento de baixa qualidade e/ou de custo elevado.

Com o avanço do uso do bagaço hidrolisado na alimentação de bovinos, algumas usinas de açúcar e álcool passaram a produzi-lo em grande escala, como forma de utilização racional do bagaço *in natura* e de outros subprodutos. Dessa forma, algumas usinas montaram um sistema de fornecimento de ração completa à base de bagaço de cana hidrolizado para atender inicialmente aos confinamentos de seus cooperados. Atualmente, a entrega dessa ração se estende também a terceiros produtores.

Esse trabalho é um dos poucos exemplos no Brasil em que ocorre, de forma profissional e em razoável escala, a comercialização de alimentos volumosos entre propriedades. Outros alimentos volumosos bastante comercializados entre propriedades rurais são o feno e a silagem pré-seca de gramíneas e alfafa. Entretanto, o comércio de alimentos volumosos é reduzido e os confinadores brasileiros ainda devem reservar uma área na propriedade para produzir o alimento volumoso que será utilizado no confinamento.

A área a ser reservada para a produção de forragem depende basicamente do ganho de peso, da duração do confinamento e da produtividade da cultura. A estimativa da área necessária para alimentar por 150 dias um confinamento com 300 animais, que em média consumirão 6 kg de matéria seca/cab.dia, é de 12 ha de cana-de-açúcar ou 22 ha de milho para silagem, ou 9 ha de capim-elefante para silagem, caso a produtividade de matéria seca/ha.ano seja de 22,5 t, 12,5 t e 30 t, respectivamente, para os três alimentos considerados.

No caso de se optar pela silagem como alimento volumoso, haverá necessidade de construir um silo com capacidade para armazenar aproximadamente 900 t. Para esta quantidade de silagem, o uso de silos do tipo trincheira ou *bunker* é a recomendação mais adequada, pois o manejo no enchimento e na retirada da silagem é melhor do que em outros tipos de silos.

O comércio de alimentos concentrados no Brasil é dinâmico e bastante comum em nosso meio. Entretanto, surge sempre a dúvida: é mais econômico comprar o concentrado pronto (misturado) para ser somente distribuído no cocho com o volumoso, ou é melhor comprar os ingredientes e misturá-los dentro da propriedade?

A resposta a essa pergunta depende da infraestrutura que a propriedade possui para a compra, o armazenamento, o manuseio e o controle de qualidade do alimento adquirido.

Quando a quantidade a ser comprada é grande, a possibilidade de obter melhores preços é maior. Entretanto, a propriedade deve estar preparada para receber, armazenar e processar adequadamente os produtos. Outra forma de reduzir os preços dos alimentos é comprá-los durante a safra, quando, historicamente, são menores. Porém, essa estratégia de compra pode ser limitada novamente pela capacidade de receber e armazenar os alimentos.

Outra grande vantagem de comprar lotes maiores de alimentos é a oportunidade de reduzir sensivelmente o custo com o controle de sua qualidade. Quanto menores os lotes e maior a frequência de compra dos alimentos, mais análises serão necessárias, e nessas situações o controle adequado da qualidade pode tornar-se inviável.

A desvantagem de comprar os alimentos antecipadamente (na safra) e estocá-los está na dificuldade de substituí-los por outros ingredientes que passaram a custar menos durante o confinamento.

Independente do volume de alimento a ser comprado, o produtor que deseja preparar a mistura de concentrado na propriedade deve estar preparado para cumprir as etapas de descarregamento, armazenamento, transporte ao local de processamento, processamento, armazenamento do produto processado e, finalmente, sua distribuição aos animais.

O planejamento dessas etapas é mais difícil de ser executado quando a situação exige o aproveitamento de estruturas existentes na propriedade. Nesta situação é necessário que essas etapas estejam bem definidas pelo produtor para que ele não cometa equívocos, pois futuras reformas nas instalações podem implicar investimentos pesados para corrigir o erro.

7.1. Descarregamento

O descarregamento da carga (grãos ou farelos) é feito na moega. O alimento é transportado até o local de armazenamento por meio de uma tubulação com rosca sem fim ou por canecas presas a uma correia. Entretanto, para pequenos produtores esse mecanismo de transporte é inviável, e a descarga do alimento tem de ser manual ou semimanual. Outra forma de descarregar os alimentos nos depósitos é por gravidade, estabelecendo o local de descarga em um nível superior. Esse método só é possível em locais onde o terreno apresente suficiente diferença de nível.

Outras opções para mecanizar o descarregamento podem ser adotadas em função da situação existente. Entretanto, em alguns locais o descarregamento deve ser manual, o que pode inviabilizar o transporte dos alimentos a granel. Dessa forma, o custo do alimento aumentará devido ao custo da sacaria e da mão de obra para descarregar. Além disso, os produtos armazenados em sacos ocupam mais espaço no depósito que os produtos a granel.

7.2. Armazenamento da matéria-prima

O local de armazenamento deve ser bem ventilado e seco para evitar problemas com fungos. Além disso, é preciso prevenir a entrada de insetos e ratos, mas permitir o controle deles por meio da fumigação. O depósito deve ficar localizado perto do local do processamento dos alimentos, ou deve existir um sistema mecânico que transporte o alimento do depósito até esse local.

O armazenamento é o setor que ocupa maior espaço na sala de ração. A área para armazenar os alimentos depende de seu tipo, da forma (sacaria ou a granel) e do tempo de armazenagem.

A Tabela 2 a seguir foi elaborada para estimar a área que deve ser construída para armazenar os alimentos concentrados utilizados para atender 300 animais por 150 dias de confinamento. Como exemplo, cada animal receberá diariamente 5 kg de concentrado com a seguinte formulação: 37,7% de milho, 42,4% de caroço de algodão, 2% de farelo de soja e 1% de sal mineral.

7.3. Processamento e distribuição

O setor de processamento é formado basicamente por moinho triturador, balança e misturador. No caso de a empresa possuir um

Tabela 2. Necessidade de área para armazenar alimentos em duas alturas de pé-direito.

Alimento	Quantidade (t)	Densidade (kg/m³)	Área (m²) necessária para armazenamento com pé-direito de:	
			3 metros	4 metros
Milho (a granel)	85	700	40	30
Caroço de algodão (a granel)	95	500	64	48
Farelo de soja (ensacado)	30	650	16	12
Sal mineral (ensacado)	15	1.300	4	3
Subtotal			124	93
Área para circulação e Máquinas (m²)		30	30	
TOTAL (m²)			154	123

vagão forrageiro, o misturador e a balança podem ser dispensados do setor. O moinho triturador não precisa ser comprado se os grãos de milho e sorgo não são ingredientes que participam com frequência das rações, pois esses alimentos precisam ser moídos grosseiramente ou pelo menos quebrados em quatro partes para serem aproveitados pelo animal.

O tamanho do misturador é calculado em função do tempo de trabalho e da quantidade de alimento a ser misturado. No exemplo citado de 300 bois, o consumo de concentrado seria de 1.500 kg por dia ou 10.500 kg por semana. Supondo que um misturador, associado às condições locais de manejo dos alimentos, proporcione a mistura de 1.500 kg/hora, seria possível um homem preparar os 10.500 kg em 8 horas de serviço por semana, ou seja, um dia.

O concentrado recém-processado e misturado deve ser armazenado em local de condições semelhantes ao de armazenagem da matéria-prima. Se forem utilizados os vagões forrageiros, essa área da sala de ração será praticamente inexistente ou utilizada para alimentos que precisam sofrer algum processamento. Os alimentos que não forem processados serão levados para o vagão diretamente do local de armazenagem.

A alimentação do vagão forrageiro é difícil de ser executada manualmente por causa de sua altura. Uma forma prática de resolver o problema é posicioná-lo abaixo do piso da sala de ração e colocar os alimentos dentro do vagão por meio de uma abertura. Quando esse artifício não é possível, a alimentação do vagão pode ser feita manualmente ou com uma pá carregadora.

Os vagões forrageiros mais completos realizam a pesagem, mistura e distribuição do alimento, na forma de ração completa, no cocho. Além disso, existem atualmente no mercado vagões forrageiros que também descarregam a silagem dos silos.

Além da sala de ração, o setor de alimentação deve ter outras instalações, como depósitos para ferramentas e utensílios, farmácia veterinária, galpão para veículos diversos (trator, caminhão, vagão forrageiro, colhedora de forragem, carreta, veículos utilitários etc.), galpão para armazenagem de insumos, produtos agrícolas e outros alimentos (feno), escritório e outros itens que forem necessários.

8. Setor de despoluição

Em nosso país, os prejuízos causados pelos confinamentos devido à poluição do meio ambiente, notadamente das águas subterrâneas e de superfície, podem ainda ser considerados de pequena monta, visto que até o momento é reduzido o número de empresas que desenvolvem atividades na produção intensiva de carne bovina. Entretanto, tendo em vista o crescente interesse, nos últimos anos, pela operação de confinamento, sobretudo no Estado de São Paulo, vale a pena chamar a atenção para o problema, que tem sido motivo de enorme preocupação em outros países de pecuária mais adiantada, experiência que devemos aproveitar.

O grande volume de produtos residuais dos confinamentos consiste de esterco e urina, que, devido ao elevado teor de umidade, estão sujeitos aos processos de lixiviação e percolação no solo, movendo-se através dos vários substratos para atingir a água subterrânea. Por outro lado, as águas servidas devido às chuvas transportam os produtos residuais para o canal de drenagem, os córregos e, eventualmente, os rios.

Segundo dados da Environmental Protection Agency (1972), dos Estados Unidos, admite-se que um confinamento de 1.000 cabeças de gado adulto, mantido em quatro hectares, representa uma fonte potencial concentrada de poluição do ambiente semelhante a uma cidade de 6.000 habitantes, em termos de resíduos produzidos.

As medidas destinadas a controlar e evitar esses efeitos prejudiciais devem começar no próprio confinamento, mediante adequada escolha do local e planejamento das instalações, com vistas à alimentação ou ao aproveitamento dos produtos residuais. Em um setor de despoluição, as seguintes normas gerais devem ser observadas:

1. evitar que a precipitação pluvial que ocorre fora da área de confinamento venha confluir sobre ele;
2. todos os confinamentos devem possuir, em terreno adjacente, um tanque ou lagoa de retenção para captação das águas servidas;
3. todos os currais, pavimentados ou não, devem apresentar uma declividade a partir da área de alimentação (cochos) que possibilite o escoamento e a coleta das águas servidas;
4. canais coletores para drenagem devem ser construídos externamente à cerca dos fundos, visando captar as águas servidas para os tanques de retenção. Tais canais serão projetados também para conduzir sólidos em suspensão;
5. após tempo suficiente de sedimentação, o conteúdo residual líquido das lagoas ou tanques de retenção deve ser sugado e descarregado em outro local.
6. o esterco acumulado nos currais deve ser raspado e amontoado, reservando-se áreas secas para o descanso dos animais.

Para determinar o volume mínimo necessário dos tanques de retenção, recomenda-se usar a seguinte base de cálculo *(Midwest Plan Service,* 1975): 1 pé cúbico por animal de 1.000 libras, ou seja, 28,32 litros por animal de 454 quilos de peso vivo. Essa indicação é equivalente à citação de Haddad (1995), que admite uma produção diária de esterco (fezes e urina) correspondente a 6% do peso vivo do animal.

Davis et al. (1997) estima que um animal que pesa 454 kg gera entre 25 e 30 kg de esterco/dia, com 90% de umidade; entretanto, quando ele é manejado, a umidade passa a 70%, aproximadamente, dependendo das condições de operação e tempo de estocagem.

Esses autores comentam que a produção de esterco pode ser um problema, dependendo da área em que ele é produzido, ou seja, da taxa de lotação. Na Tabela 3 é apresentada a produção de esterco em função do tamanho do animal e da taxa de lotação.

Tabela 3. Produção de esterco em centímetros de altura, em função do tamanho do animal e da taxa de lotação.

	Lotação média (m²/cab.)				
Peso vivo (kg)	**7,0**	**9,3**	**11,6**	**14,0**	**16,2**
			cm/dia/cab.		
180	0,12	0,10	0,07	0,07	0,05
270	0,20	0,15	0,12	0,10	0,07
360	0,27	0,20	0,15	0,12	0,10
450	0,32	0,25	0,20	0,17	0,15
545	0,40	0,30	0,22	0,20	0,17

Fonte: Davis et al. (1997).

Além de reduzir o efeito poluente da água dos lençóis freáticos, das represas, das lagoas etc., o manejo adequado do esterco permite também manter a saúde dos animais, reduzir a produção de odores e pó, controlar a reprodução de insetos — principalmente moscas — e reciclar nutrientes para o solo.

Os solos tropicais apresentam, em geral, baixa capacidade de troca de cátions (CTC) quando comparados aos das regiões de clima temperado. Isso ocorre em virtude do processo de intemperização ser superior nesses solos.

Outro fator responsável pela baixa CTC dos solos tropicais é o reduzido teor de matéria orgânica, muito embora ela represente, na maioria dos casos, 60% ou mais da CTC (Lopes, 1984). Portanto, além de fornecer nutrientes, a adição de matéria orgânica ao solo é a principal ferramenta para melhorar suas propriedades físico-químicas.

Segundo Paine (1992), o custo para distribuir uma tonelada de esterco de bovinos em confinamento é de US$ 2,00, enquanto a coleta e o processamento do urbano é, respectivamente, de US$ 14,00 e US$ 4,00.

Os sistemas de manejo de esterco podem ser classificados de várias formas, com opções em cada modalidade. Os mais comuns estão listados a seguir e geralmente se baseiam no grau de umidade do esterco (fezes + urina + água):

a. manejo do esterco sólido (convencional) e semissólido;
b. manejo do esterco misto (*slurry*);
c. manejo do esterco líquido;
d. manejo em lagoas anaeróbias;
e. combinações dos sistemas anteriores.

Não existe um sistema de manejo de esterco que seja o melhor. A escolha depende de fatores como as condições ambientais, o tipo de instalações dos animais, a topografia do local, a distância do local de distribuição, a fonte de água etc. Entretanto, todos os sistemas compreendem cinco fases principais: coleta, armazenamento, processamento (ou tratamento), transporte e utilização.

Antes de comentar os sistemas de manejo, devemos ressaltar que, nas condições brasileiras, a maioria dos confinamentos de gado de corte é realizada durante a entressafra, ou seja, nos períodos mais secos do ano. A concentração de confinamentos nessa época é consequência da redução na produção do pasto e do aumento do preço da arroba da carne.

Porém, alguns cuidados devem ser tomados para evitar problemas com as águas pluviais, comuns no final do confinamento (setembro a outubro), pois esse período coincide com o início da estação das "águas". Com a ocorrência das chuvas, o manejo do esterco torna-se mais difícil de ser executado pelo sistema convencional e pode formar lama, cujo excesso causa estresse ao animal e dificulta o acesso ao cocho. Nessa situação, o consumo do animal diminui e, consequentemente, o desempenho é prejudicado justamente no momento de sua terminação.

8.1. Manejo do esterco sólido e semissólido

O esterco passa a ser considerado sólido quando o teor de sólidos totais é superior a 18%. Quando ele está entre 10% e 18%, é chamado de semissólido.

A maneira mais comum de manusear essas modalidades de esterco é com tratores acoplados com lâmina ou pá carregadora. Esses implementos são instalados na parte frontal ou na traseira do trator. Existem modelos em que a pá carregadora fica engatada na parte frontal, enquanto a lâmina é presa na parte de trás. A lâmina é utilizada para limpar o confinamento (raspar o esterco), e a pá carregadora, para a remoção final do esterco amontoado até o local de armazenamento ou para carregá-lo nos vagões ou carretas distribuidores.

Para reduzir o atrito com o piso, a lâmina pode ser feita de pneu de trator cortado ao meio. Este é preso a um suporte de ferro engatado ao trator. Outra vantagem de utilizar esse artifício é evitar a perda de esterco pelas laterais da lâmina durante a raspagem, pois o pneu ficará com o formato de semicírculo. Outra opção para diminuir o atrito entre a lâmina e o piso é adaptar uma faixa de borracha ao longo da parte inferior da lâmina.

Em regiões bastante áridas, a formação de pó é muito intensa e pode provocar doenças respiratórias e conjuntivite. Segundo Haddad (1995), é necessário realizar o umedecimento artificial dos piquetes de confinamento aplicando 2 litros de água/m^2 para diminuir esses problemas. Outra forma de amenizar a produção do pó é reduzir a área por animal a 7 m^2.

Quando o confinamento é realizado em condições de baixa umidade, o esterco raspado pode ser amontoado dentro do piquete para ser transportado posteriormente para a esterqueira definitiva, ou pode ser distribuído diretamente nas áreas de culturas. Dependendo da produção de esterco e dos recursos disponíveis em tratores e máquinas na propriedade, é possível realizar diariamente a coleta e a distribuição.

O armazenamento do esterco na esterqueira é uma forma de concentrar o serviço de distribuição para determinado período. Por exemplo, nas regiões mais frias dos Estados Unidos é impossível realizar a distribuição do esterco por causa da neve e, portanto, o armazenamento deve ser feito por, no mínimo, 180 dias.

Alguns proprietários optam por armazenar o esterco para não ter de investir em tratores e máquinas para realizar a distribuição diária. Nesse caso, a operação é feita com uma frequência predeterminada por meio de terceirização ou quando ocorre a redução de serviços em outras atividades na propriedade. Dessa forma, o produtor consegue melhorar a eficiência operacional dos tratores e funcionários dentro da propriedade.

Em algumas situações, o armazenamento de esterco é obrigatório devido à impossibilidade de distribuí-lo nas áreas de cultura durante alguns meses do ano. Essa situação ocorre com mais frequência em propriedades que praticam agricultura e confinamento durante o ano todo. Uma maneira de solucionar ou amenizar esse problema é separar anualmente uma área que receberá todo o esterco produzido naquele ano ou num ciclo de cultura.

Segundo estimativas de Paine (1992), que leva em consideração as perdas e a eficiência nos processos de manejo do esterco, 64 animais tratados com ração à base de silagem de milho produzem nutrientes em forma de esterco suficientes para atender à exigência nutricional das plantas estabelecidas em 1 ha. Nesses cálculos foi estimado que são necessários 9 ha com milho para alimentar os 64 animais (veja Figura 6 — adaptada de Paine, 1992).

As vantagens de distribuir diariamente o esterco são: evitar o investimento na construção da esterqueira e reduzir as perdas de nitrogênio por volatilização durante o período de armazenagem.

As esterqueiras podem ser feitas nas proximidades dos piquetes.

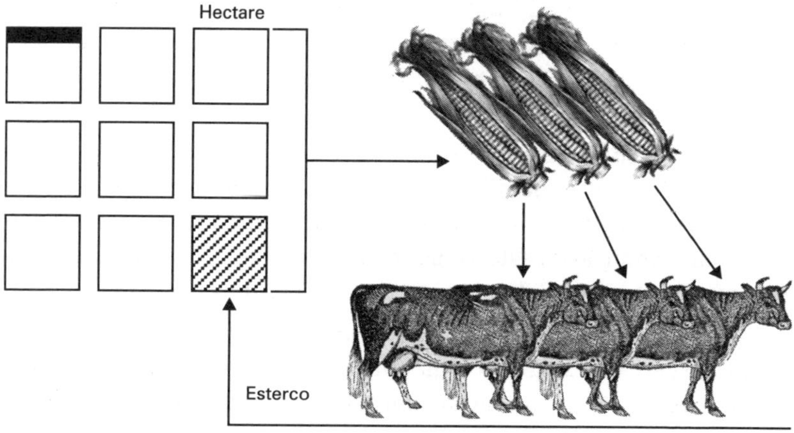

Figura 6. Reciclagem de nutrientes no manejo de esterco.

Dependendo da distância e do relevo, é necessário utilizar um veículo para transportar o esterco raspado.

A vantagem de construir a esterqueira ao lado dos piquetes é justamente eliminar essa operação de transporte. A esterqueira pode ser feita no nível do piso dos piquetes ou abaixo dele. Quando no mesmo nível do confinamento, as únicas opções para carregar o esterco são com uma pá carregadora ou manualmente, com o auxílio de pá.

Algumas opções podem ser recomendadas quando a esterqueira é construída abaixo do nível do piso do piquete, como a construção de uma marquise que permita raspar e/ou empurrar o esterco para dentro dela (Figuras 7 e 8 — adaptadas de Midwest Plan Service, 1995). Esse mesmo dispositivo pode ser utilizado para carregar as carretas, vagões ou caminhões que irão distribuir o esterco. Outra forma de distribuição é transportá-lo em caminhões basculantes até

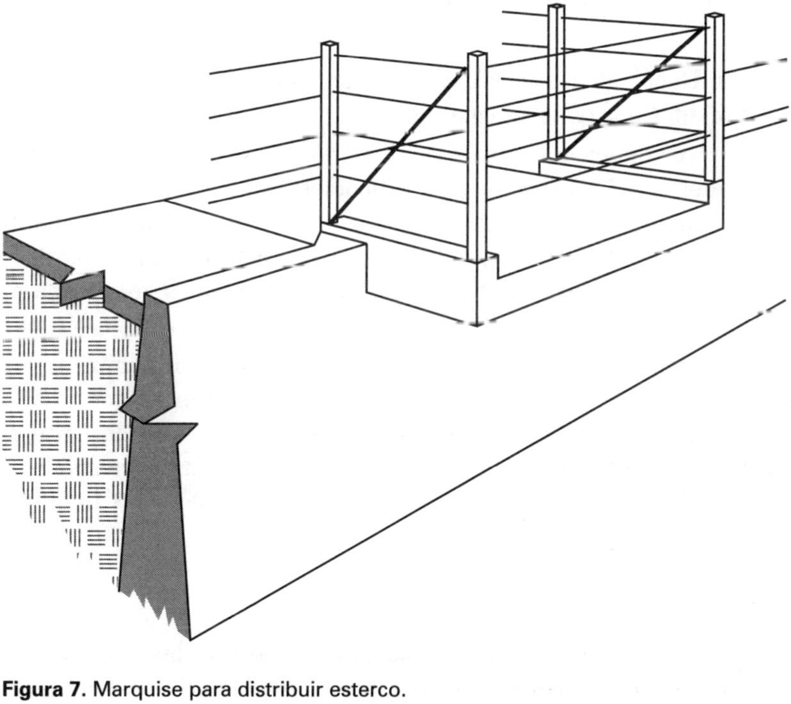

Figura 7. Marquise para distribuir esterco.

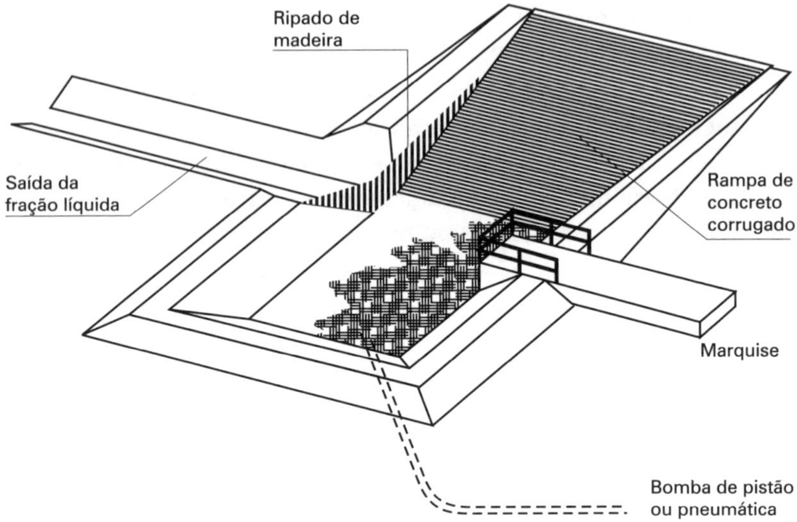

Figura 8. Tanque para separação das frações sólida e líquida do esterco.

a área. Depois de descarregado, os montes de esterco devem ser esparramados por tratores com lâminas.

Outros dados que podem auxiliar no cálculo das dimensões das esterqueiras são fornecidos por Micheletti e Cruz (1985) e Bueno (1986). Algumas dessas informações são: 1) altura máxima do monte de esterco de 2,50 m; 2) produção mensal, por cabeça, de 0,5 t; 3) largura dos compartimentos de 6,0 m, para permitir a entrada de veículos.

O esterco sólido ou semissólido pode ser utilizado também para produção de minhocas, de flores e hortaliças, compostagens, cama para animais etc. Segundo o boletim informativo Nata do Leite da Scot — Consultoria & Comércio (1999), o esterco na forma sólida ou semissólida está sendo comercializado por R$ 12,00 a R$ 15,00 por tonelada.

8.2. Manejo do esterco slurry *e líquido*

Essas formas de esterco são pouco empregadas em confinamentos de gado de corte no Brasil, pois elas provêm, geralmente, de um sistema de coleta e transferência que utiliza a água como veículo de transporte (*flushing*).

A outra maneira de diluir o esterco verde seria por meio da água pluvial, principalmente nos confinamentos a céu aberto, como é o caso da maioria dos confinamentos nacionais. Portanto, a produção dessa forma de esterco deve ocorrer, como comentado anteriormente, no período final do confinamento. Seu manejo deve ser planejado, entretanto ela ocorrerá em proporções menores do que no caso do esterco sólido e semissólido.

A forma *slurry* é basicamente a mistura de fezes, urina e água suficiente apenas para facilitar o manejo. Isso resulta num teor de sólidos de 4% a 10%, mas o esterco ainda é muito úmido para ser manejado de maneira convencional, e insuficientemente diluído para ser utilizado nos sistemas de irrigação. São necessários 30 litros de água para 100 litros de esterco fresco para reduzir o conteúdo de sólidos totais a 10%.

O armazenamento pode ser feito em fossas ou tanques, acima ou abaixo do nível do solo. O transporte e a distribuição do esterco são feitos provavelmente por meio de vagões (carretas) ou caminhões-tanque (Figura 9 — adaptada de *Midwest Plan Service*, 1995) adaptados com bombas especiais, que trabalhem com altos níveis de sólidos, por exemplo, bombas de pistões ou pneumáticas. A utilização mais indicada desse tipo de esterco é nos campos de cultura. A Figura 9 contém algumas dimensões que devem ser respeitadas na construção de barragens para conter o esterco e não desmoronar.

Esse é o sistema escolhido quando se deseja a incorporação dos nutrientes do esterco no solo. Apesar de ser mais caro que os outros, esse manejo é o que proporciona menores perdas de nutrientes.

O esterco considerado líquido tem menos de 4% de sólidos totais. É geralmente o efluente de uma estrutura de separação de líquido-sólido da sala de ordenha, lagoas (aeróbicas) ou chuva. Sem considerar qualquer processo de separação de sólidos, são necessários 250 litros de água para diluir 100 litros de esterco fresco a 4% de sólidos totais.

A distribuição pode ser feita por injeção direta, carretas, caminhões-tanque ou pelo sistema especial de irrigação. A capacidade ne-

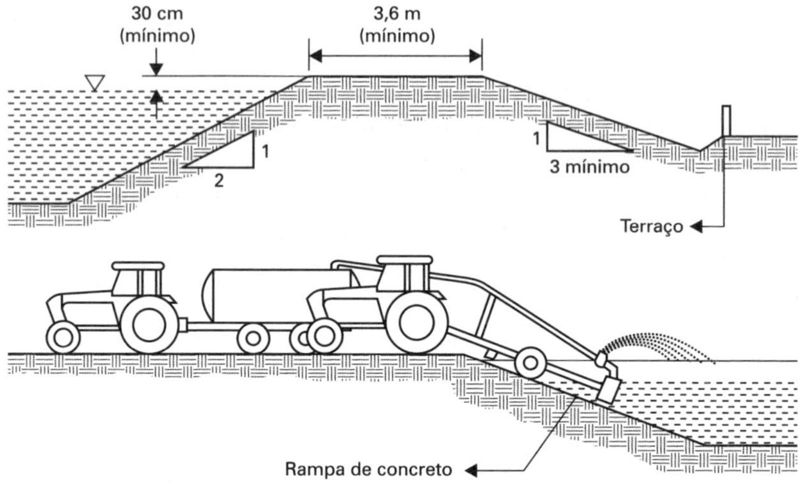

Figura 9. Alguns detalhes sobre a construção de tanques na terra e limpeza do esterco.

cessária de armazenamento do esterco depende do tipo de solo das áreas de cultura, do tempo entre o armazenamento e a irrigação e da quantidade de água de chuva que o sistema é capaz de suportar. A mão de obra é pouco utilizada, principalmente se o sistema de irrigação é do tipo pivô central, e as perdas de nutrientes são baixas.

O Centro de Treinamento de Recursos Humanos do Departamento de Produção Animal da Esalq/USP utiliza um sistema de irrigação para distribuir nos pastos o esterco (na forma de *slurry*) coletado diariamente durante a limpeza do estábulo e da sala de ordenha. Esse sistema de distribuição apresenta duas características importantes. A bomba apresenta um rotor helicoidal que tem como princípio empurrar o material sólido, inclusive de tamanho grande, como partículas de cana-de-açúcar, silagem, pedaços de madeira, pedra etc. Esse tipo de bomba é utilizado pelas firmas produtoras de concreto para distribuí-lo nos canteiros de obras. Outro detalhe importante é o formato do bocal do aspersor, que deve ser cônico. Isto é importante, pois esse formato permite o lançamento das partículas grandes. Mesmo assim, o canhão não tem a mesma autonomia da bomba para trabalhar com partículas grosseiras e, assim, problemas com entupimento no canhão podem ocorrer. Por esse motivo, é recomendado instalar uma peneira antes da bomba, para obstruir a passagem de partículas maiores. A dimensão dos furos da peneira será definida após os testes, mas a expectativa é de que deve ficar entre 1,5 e 2,5 cm.

Segundo Van Horn (1995), na maioria das fazendas da Flórida (EUA), a concentração de sólidos totais nos estercos líquidos recomendados para serem distribuídos por irrigação é de aproximadamente 2%.

8.3. Manejo das lagoas aeróbias

O manejo das lagoas aeróbias consiste na separação (gravidade) das partes sólida e líquida pela sedimentação da primeira fração (lodo) e passagem da segunda (líquida) para outro tanque ou lagoa (Figura 10 — adaptada de Dickey e Bodman,1992). Nesse método, o armazenamento e a distribuição do esterco são feitos de forma independente. Esse técnica só é passível de utilização no manejo dos estercos *slurry* ou líquido.

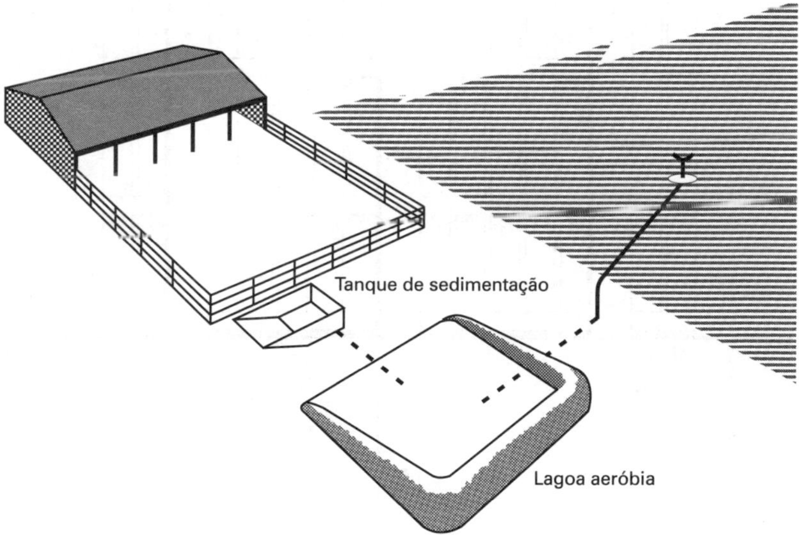

Figura 10. Componentes de um sistema de lagoas aeróbias.

O sistema é composto basicamente por um tanque de sedimentação e uma lagoa (tanque) que armazena a parte líquida.

O tanque de sedimentação geralmente é feito de concreto para facilitar o trabalho das máquinas no momento da retirada do esterco sedimentado e da limpeza. A separação das frações sólida e líquida é feita no tanque de sedimentação por meio de uma tela de arame galvanizado de 3/4 de polegada. Outros materiais e dispositivos podem ser utilizados para separar as frações, por exemplo, ripado de madeira (Figura 11 — adaptada de Midwest Plan Service, 1995) ou de concreto, anteparo de concreto com furos ou simplesmente um muro de madeira ou de alvenaria por cima do qual o líquido passa.

A Tabela 4 contém as dimensões das tábuas para confecção do ripado da Figura 11 em função de sua altura.

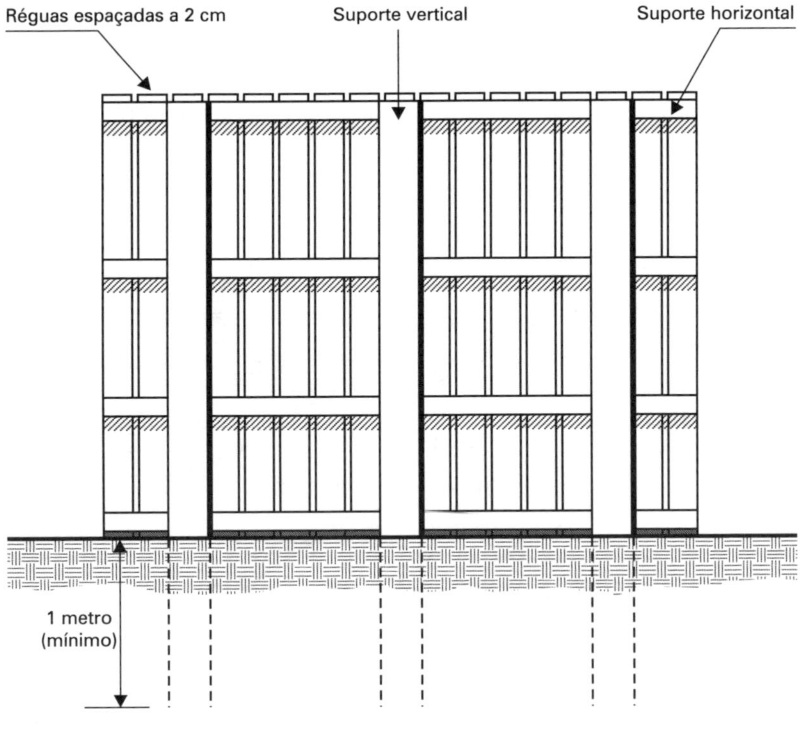

Figura 11. Ripado de madeira para separar as frações sólidas e líquidas do esterco.

Tabela 4. Dimensões dos suportes utilizados na confecção do ripado de madeira, para separar as frações sólida e líquida do esterco, em função de sua altura.

Altura das réguas	Suportes verticais		Suportes horizontais		
	Tamanho	Espaçamento	Distância*	Tamanho	Espaçamento
120	10 x 15	150	0-120	10 x 10	90
150	15 x 15	120	120-180	10 x 10	75
180	15 x 20	120	180-240	10 x 10	60

* Distância do topo das réguas até o primeiro suporte horizontal.
Fonte: Midwest Plan Service, 1995.

Para facilitar o manejo, o tamanho do tanque deve ser suficiente para armazenar o esterco por dois a três meses e a altura da camada sedimentada não deve ser superior a 50% da altura do reservatório.

O lodo geralmente é retirado dos tanques por tratores com pá carregadora ou com bombas especiais acopladas a carretas, vagões ou caminhões-tanque. A consistência dele é semelhante à do esterco semissólido. A distribuição é feita da mesma forma que o esterco sólido ou semissólido.

Dickey e Bodman (1992) sugerem que os tanques de sedimentação deveriam ter o fundo de concreto para facilitar o acesso dos tratores durante a remoção dos sólidos. Essa rampa seria de 12 m de largura, com declividade de 10 a 20:1, conforme a Figura 12 (adaptada de Dickey e Bodman, 1992). O piso da rampa deve ser bastante áspero e com corrugações inclinadas para facilitar a drenagem da água e melhorar a aderência dos pneus. O piso do fundo deverá ter 2% de declividade para escoar a água da chuva e a umidade do esterco.

Esse tipo de esterqueira também pode ser feito no formato de um silo trincheira. Neste caso, não é necessária a presença da rampa, entretanto deve contar com um dispositivo de coleta do efluente na entrada da esterqueira para que ele não saia.

Depois de retirado o lodo, a limpeza deve ser orientada para os mecanismos de separação e condução do esterco líquido. Geralmente a limpeza é feita com jatos de água de alta pressão. Por esse motivo e para auxiliar a saída da parte líquida do esterco, alguns cuidados no momento da construção são necessários para que esses processos não sejam prejudicados. Por exemplo, o tubo apresentado na Figura 12,

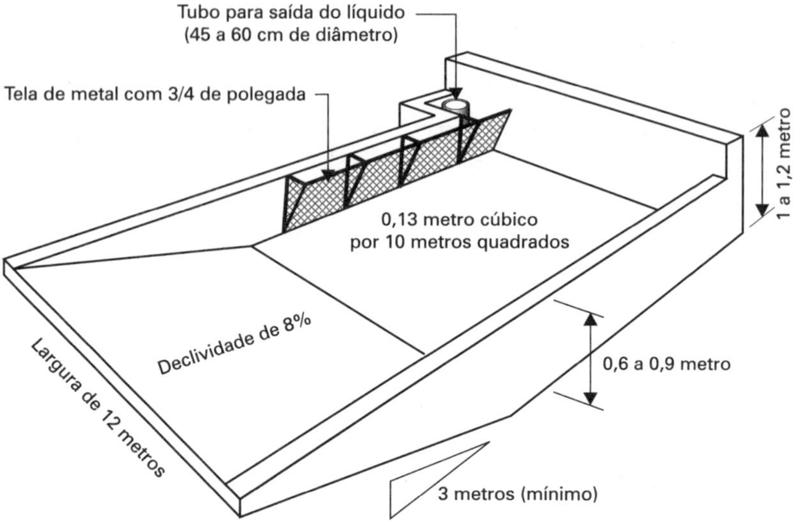

Figura 12. Tanque de sedimentação de concreto que utiliza tela metálica para separar a fração líquida do esterco.

que tem a função de conduzir o esterco líquido até a lagoa aeróbia, deve apresentar passagens com 2,5 cm de largura e 10 cm de comprimento. Esses buracos estão dispostos verticalmente no cano e espaçados a 120° entre si. A próxima fileira de buracos está a 2 cm da anterior. A finalidade dessa disposição é orientar o fluxo da água na forma de espiral e assim melhorar seu fluxo.

Quando a limpeza do tanque de sedimentação é lenta, o sistema pode ser composto de duas ou mais baterias (um tanque de sedimentação + uma lagoa) ou formado por dois tanques de sedimentação e uma lagoa. Outra opção é dividir o tanque de sedimentação em dois menores.

Outro modelo proposto por Dickey e Bodman (1992) é o de canais de sedimentação (Figura 13 — adaptada de Dickey e Bodman, 1992). A vantagem desse sistema é que a limpeza dos dispositivos de separação e condução da fração líquida é menor.

As lagoas geralmente são de terra, pois a entrada de máquinas para esvaziá-las é muito remota. A retirada do efluente é feita da mesma maneira que o *slurry* ou esterco líquido.

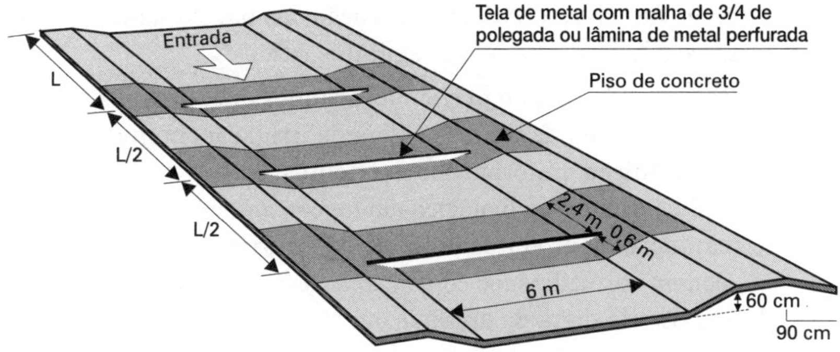

Figura 13. Canal de sedimentação com barreiras de tela ou lâminas de metal.

Por mais eficiente que seja o processo de separação, o efluente sempre terá um resíduo de esterco que se sedimentará no fundo da lagoa. Desse modo, a capacidade de armazenamento irá diminuir e, por esse motivo, o lodo acumulado na lagoa deverá ser retirado. A forma de fazê-lo é igual à do tanque de sedimentação, entretanto, quando a lagoa for de terra e o lodo impedir a entrada de tratores, a limpeza deverá ser feita com retroescavadeiras ou dragas. O modo de distribuição do lodo da lagoa é igual ao do tanque de sedimentação.

Para essa limpeza deve-se tomar o cuidado de estabelecer um sistema de drenagem da lagoa, pois dificilmente se espera o lodo ocupar todo o tanque para iniciar sua retirada. Alguns métodos de drenagem são conduzidos por bombeamento ou utilizando o sistema de monges.

A escolha do melhor sistema de retirada do efluente (por irrigação, carretas, vagões ou caminhões-tanque) depende da distância e da área do local de distribuição. A irrigação é em geral o método mais aconselhado para esse tipo de esterco, e a grande vantagem é que a distribuição pode ser feita diariamente, com pouca mão de obra, sobretudo se o sistema for do tipo pivô central.

Além de ser utilizado como fertilizante, o efluente também é útil para realizar a limpeza dos piquetes (*flushing*) caso o sistema de separação de sólidos seja eficiente.

Segundo Van Horn (1995), a separação das partes sólida e líquida do esterco é importante pelas seguintes razões:

a. remoção de areia e partículas grandes que, provavelmente, ocasionariam danos ao sistema de irrigação, prejudicando a distribuição uniforme dos nutrientes;
b. redução da carga biológica em lagoas anaeróbias e aeróbias;
c. captação de produtos fibrosos, N e nutrientes minerais que podem ser utilizados como cama, fertilizantes para plantas e parte da dieta de animais em manutenção.

Esse mesmo autor sugere o sistema de telas fixas para realizar a separação dos estercos. Elas são posicionadas antes que o esterco proveniente do *flushing* antes do tanque alcance o local de armazenamento, que pode ser o tanque de sedimentação ou a lagoa. Nesse sistema é possível separar de 20% a 30% da matéria orgânica do esterco proveniente do *flushing*. Ainda de acordo com Van Horn (1995), nos locais onde o esterco é mais úmido, uma estimativa de 20% seria mais apropriada. A composição esperada para o esterco retido nas telas apresenta cerca de 25% de matéria seca.

9. Custos das instalações

Em virtude da grande variedade de tipos de instalações para confinamento, torna-se difícil estimar seus custos médios. Acrescente-se ainda que o tamanho da exploração e a natureza do material utilizado devem determinar grandes alterações de custo.

Apenas para efeito ilustrativo, procurou-se utilizar o custo estimado em materiais para uma instalação destinada a 300 bois com curral semicoberto (cochos protegidos) e piso de concreto junto aos cochos (3 metros de largura). Para determinar o tamanho da sala de ração foi utilizado o exemplo da Tabela 3. O esterco será manejado na forma sólida ou semissólida e a coleta e a aplicação serão feitas diariamente nas áreas de cultura, por meio de uma carreta com distribuição automática.

A alimentação será realizada na forma de ração completa. A mistura, a pesagem e a distribuição dos alimentos nos cochos será executada automaticamente pelo vagão forrageiro. Por esses motivos, não seria necessário comprar a balança e o misturador de concentrados. Entretanto, eles foram incluídos no orçamento como um fator de segurança na hipótese de o vagão forrageiro quebrar.

O alimento utilizado nesse exemplo é a cana-de-açúcar e, portanto, não há necessidade da construção do silo.

Na simulação de custos, apresentado na Tabela 5, não foram considerados vários itens, como captação e distribuição de água até

Tabela 5. Estimativa do custo para a construção de algumas instalações para o confinamento de 300 animais em terminação e 150 dias de duração.

A — SETOR DE TERMINAÇÃO			
Cocho	180 m	R$ 15,00 por m	R$ 2.700,00
Piso (3 m de largura)	540 m²	R$ 10,00 por m²	R$ 5.400,00
Cerca com cordoalhas	725 m	R$ 3,00 por m	R$ 2.175,00
Portões	15 unid.	R$ 200,00 por unid.	R$ 3.000,00
Bebedouros (1.000 litros)	3 unid.	R$ 200,00 por unid.	R$ 600,00
Cochos de sal com cobertura	3 unid.	R$ 300,00 por unid.	R$ 900,00
Telhado	1.092 m²	R$ 20,00 por m²	R$ 21.840,00
Depósito de água	1 unid.	R$ 6.000,00 por unid.	R$ 6.000,00
		SUBTOTAL	R$ 36.615,00
B — SETOR DE ALIMENTAÇÃO			
Sala de ração	123 m²	R$ 70,00 por m²	R$ 8.610,00
Moinho/desintegrador	1 unid.	R$ 2.500,00 por unid.	R$ 2.500,00
Misturador (1.500 kg/hora)	1 unid.	R$ 3.000,00 por unid.	R$ 3.000,00
Balança (500 kg)	1 unid.	R$ 1.000,00 por unid.	R$ 1.000,00
Galpão para máquinas	50 m²	R$ 70,00 por m²	R$ 3.500,00
Vagões misturadores e distribuidores	1 unid.	R$ 12.000,00 por unid.	R$ 12.000,00
		SUBTOTAL	R$ 15.110,00
C — SETOR DE CONDICIONAMENTO			
Curral com balança e brete	1 unid.	R$ 28.000,00 por unid.	R$ 28.000,00
		SUBTOTAL	R$ 28.000,00
D — SETOR DE DESPOLUIÇÃO			
Trator com pá carregadora e lâmina	1 unid.	R$ 27.000,00 por unid.	R$ 27.000,00
Carreta com distribuição automática (4 a 6 m³)	1 unid.	R$ 8.000,00 por unid.	R$ 8.000,00
Esterqueira	60 m²	R$ 40,00 por m²	R$ 2.400,00
		SUBTOTAL	R$ 37.400,00
		TOTAL	R$ 95.285,00

os bebedouros, manutenção dos investimentos, custos operacionais, preço da terra, juros sobre o capital investido etc.

O orçamento para o estabelecimento das instalações foi estimado em R$ 95.285,00. Dessa forma, o custo por animal, considerando que a depreciação do investimento ocorra em dez anos, é de R$ 31,76 (R$ 9.528,50/300 cabeças), ou seja, o equivalente a 1 a 1,5 arroba de carne por ano. Nesse caso, o custo referente às instalações corresponderia a 20% a 30% da receita se o animal engordasse 150 kg de peso vivo durante os 150 dias de confinamento, ou seja, 5 arrobas (considerando 50% de rendimento).

Entretanto, essa participação seria reduzida pela metade se o confinamento fosse realizado duas vezes ao ano, ou seja, seriam terminadas 600 cabeças por ano.

10. Referências bibliográficas

BENEDINI, C. **Terminação de bovinos em confinamento**. Dira de Ribeirão Preto, SP, 1983. (Publ. mimeo.).

BUENO, C. F. H. Produção e manejo de esterco. **Informe agropecuário**, ano 12, n.º 135-136, Belo Horizonte, 1986.

CARNEIRO, O. **Construções rurais**. 6. ed. São Paulo: Sociedade Impres. Brasileira, 1961.

DAVIS, J. G.; STANTON, T. L.; HAREN T. **Feedlot manure management**. Livestock Series, Colorado State University, Cooperative Extension 5, 1997.

DICKEY, E. C.; BODMAN, G. R. **Management of feedlot runoff control systems**. Beef Catlle Handbook, Cooperative Extension Service, GPE-7523, Manhattan, Kansas University, 1992.

DYER, I. A.; MARY, C. C. O. **Engorda e curral (The Feedlot)**. Buenos Aires: Editorial Hemipherio Sur, 1975.

ENVIRONMENTAL PROTECTION AGENCY, USA. Cattle Feedlots and the Environment (Control Guidelines) Region X, Seatle, Washington, 1972.

FOX, D. G.; GILL, D. R. **Feedbunks and management in feedlots**. Cooperative Extension Service, Michigan State University, East Lansing, 1981.

FRAGA, O. F.; PIRES, J. A. A. Instalações para confinamento. **Informe Agropecuário**, ano 6, n.º 69, Belo Horizonte, 1980.

GHELFI, H. Projeto de um curral para gado de corte. **O solo**, ano 72(1): 35-44, 1980.

HADDAD, C. M. Noções sobre confinamento de bovinos de corte. In: **Curso de atualização em confinamento de bovinos de corte**. Piracicaba, SP: Fundação de Estudos Agrários Luiz de Queiroz (Fealq), 1985.

HADDAD, C. M. **Curso de pecuária de corte para iniciantes**. Piracicaba, SP: Fundação de Estudos Agrários Luiz de Queiroz (Fealq), 1955.

LEU, B. M.; HOFFMANN, M. P.; SELF, H. L. Comparison shelter and no shelter for finishing yearling steers. **J. Anim. Sci.**, 44(5): 717-721, 1977.

LOPES, A. S. **Solos sob "cerrado"- características, propriedades e manejo.** Associação Brasileira para Pesquisa da Potassa e do Fosfato, Piracicaba, 1984, 162p.

MICHELETTI, J. V.; CRUZ, J. T. **Bovinocultura leiteira (instalações)**. Curitiba: Editora Litero-Técnica, 1985.

MUHAMAD, Y. B.; HOFFMANN, M. P.; SELF, H. L. Influence of different rations of corn and corn silage, housing systems and seasons on the performance of feedlot steers. **J. Anim. Sci.**, 56(5): 747-754, 1983.

MIDWEST PLAN SERVICE. **Beef Housing and Equipment Handbook**. Iowa State University Press. Ames, Iowa, 1975.

MIDWEST PLAN SERVICE. **Dairy Freestall Housing and Equipment Handbook**. Iowa State University Press. Ames, Iowa, 1995.

NATIONAL RESEARCH COUNCIL, **Nutrients Requirements of Beef Cattle**. Washington, D.C., 1981.

NEWMANN, A. I.; SNAPP, R. R. **Beef Cattle**, 5. ed. Nova York: John Wiley & Sons, 1969.

PAULINO, M. F.; SATURNINO, M. A. C.; SILVESTRE, J. R. A. Resultados do acompanhamento do programa de produção de carne bovina. **Informe Agropecuário**, ano 6, nº 69, Belo Horizonte, 1980.

PAINE, M. D. **Confined Animals and Public Environment**. Beef cattle feeding handbook. Cooperative Extension Service. GPE — 7000, Manhattan. Kansa University, 1992. 4p.

PERRY, T. W. **Beef Cattle Feeding and Nutrition**. Nova York: Academic Press, 1980.

PRESTON, T. R.; WILLIS, M. B. **Intensive Beef Production**. 2. ed. Nova York: Pergamon Press, 1974.

SANTOS, K. S. S.; PEDREIRA P. A. S.; LANGUIDEY, P. H. Comparação entre galpão semicoberto e piquete rústico a céu aberto para o confinamento de bovinos. **Rev. dos Criadores**, ano XLI, n. 504, São Paulo, 1971.

SCOT CONSULTORIA & COMÉRCIO. A nata do leite. O informativo de mercado da pecuária leiteira, n. 11, Bebedouro, 1999.

SECRETARIA DE AGRICULTURA DO ESTADO DO RIO DE JANEIRO. Mistura melaço-ureia na engorda de novilhos em confinamento (Projeto de construção de piquete para 100 animais). Departamento de Informação Rural, Rio de Janeiro, 1978.

THIAGO, I. R. L. S.; COSTA, F. P. Engorda de novilhos em confinamento na entressafra. **Rev. dos Criadores**, ano LIX, n. 652, São Paulo, 1984.

THOMPSON, U. D.; ALLEN, W. S. **Building physical facilities for feedlot operations**. The Agric. & Mech. Coll of Texas Bull College Station, Texas, 1974.

VAN HORN, H. H. Atualização em manejo de esterco: estratégias para reciclagem de nutrientes evitando a poluição ambiental e recuperando seu valor fertilizante. In: Conceitos modernos de exploração leiteira. 2º Congresso Brasileiro de Gado Leiteiro. **Anais...** 1995. p. 9-26.

VELOSO, L. Terminação de bovinos em confinamento. In: SIMPÓSIO SOBRE PECUÁRIA DE CORTE. **Anais...** Jaboticabal, SP, 1977. 144p.

Luiz Gustavo Nussio[1]
Laísse Garcia de Lima[2]

Volumosos para bovinos de corte em confinamento

1. Introdução

A menor produção de forragens durante o "inverno" tem sido apontada como um dos fatores que mais contribuem para a baixa produtividade dos rebanhos. A queda acentuada nos índices de produção em pecuária, tanto na produção leiteira como na produção de carne, é decorrente da perda de peso dos animais, que eleva a idade de abate, e da redução na capacidade de suporte das áreas de pastagens. Assim, a estacionalidade da produção de forragens, devido ao manejo adotado, vem dificultando a rentabilidade da atividade pecuária, pois o potencial de produção animal do país não pode ser alcançado, uma vez que a lotação das pastagens é ajustada em função da produção mínima de "inverno" (Corsi, 1976). A estacionalidade de produção de plantas forrageiras não é particularidade do Brasil. Vários são os países que apresentam problemas na distribuição de forragens durante o ano, principalmente devido à ocorrência de bai-

1. Departamento de Produção Animal, Esalq/USP.
2. Aluna de pós-graduação, Departamento de Produção Animal, Esalq/USP.

xas temperaturas em grande parte do ano, limitando o crescimento das plantas forrageiras, o que determina um curto período para a produção de alimentos. Devido a essas características, algumas alternativas são apontadas no sentido de amenizar essa situação, entre elas, intensificar a produção de volumosos suplementares no verão, visando a conservação de forragem para o inverno, ou mesmo conduzir culturas que se tornem disponíveis no inverno, como a cana-de-açúcar e os seus subprodutos.

Outra alternativa seria utilizar culturas que apresentem capacidade de se desenvolver durante os meses de temperaturas mais baixas e menor precipitação. Essas culturas são denominadas de culturas de inverno.

Este trabalho tem como objetivo oferecer, de forma comparativa, opções agrícolas ao produtor de carne para equacionar a disponibilidade de forragem na propriedade durante o período de engorda confinada. São abordados aspectos de viabilidade agronômica, associados a parâmetros qualitativos das forragens que podem ser produzidas, e o custo estimado das diferentes opções. A análise integrada desses componentes é apresentada sob a forma de coeficientes que buscam traduzir a eficiência de produção de carne por tonelada de matéria seca (MS) do volumoso, ou em @/ha. A análise ponderal dos fatores do sistema de confinamento de bovinos de corte é fundamental para avaliar modelos de simulação que auxiliem a tomada de decisões na atividade.

2. Caracterização dos volumosos

2.1. Silagem de milho

A silagem de milho é o volumoso mais tradicionalmente usado para a suplementação de inverno em fazendas de corte e de leite; os primeiros relatos são do final do século passado. Com quase um século de experiência acumulada, a produção de silagem de milho é comumente tida como de elevado custo. Entretanto, em muitas situações há a incapacidade de adotar tecnologia no processo, como o uso de doses muito modestas de adubação ou o desequilíbrio de nutrientes, ou mesmo a prática adotada na exploração da fertilidade natural do solo, além do uso de cultivares e espaçamentos inadequados, épocas de plantio inapropriadas, entre outros.

De acordo com Nussio (1991), o baixo nível de grãos na silagem de milho tem como consequência a redução do valor nutritivo e do potencial de consumo voluntário desse volumoso, demandando assim maior quantidade de alimento concentrado para suportar dado nível de produção. Reconhecidamente, a qualidade da porção fibrosa da planta, representada pelas hastes e folhas, apresenta a mesma importância que a porcentagem de grãos, no que se refere a incrementos de valor nutritivo na planta toda. Cabe ressaltar que os trabalhos de pesquisa que não foram capazes de identificar como significativa a participação de grãos no valor nutritivo da planta em geral traduzem as observações obtidas sob condições de estresse ambiental de fatores limitantes ao crescimento da planta, conforme observado na porção inicial da curva descrita na Figura 1.

Até cerca de 33,7% de grãos na MS, as respostas aos incrementos de grãos na planta são pouco significativas. A maior importância

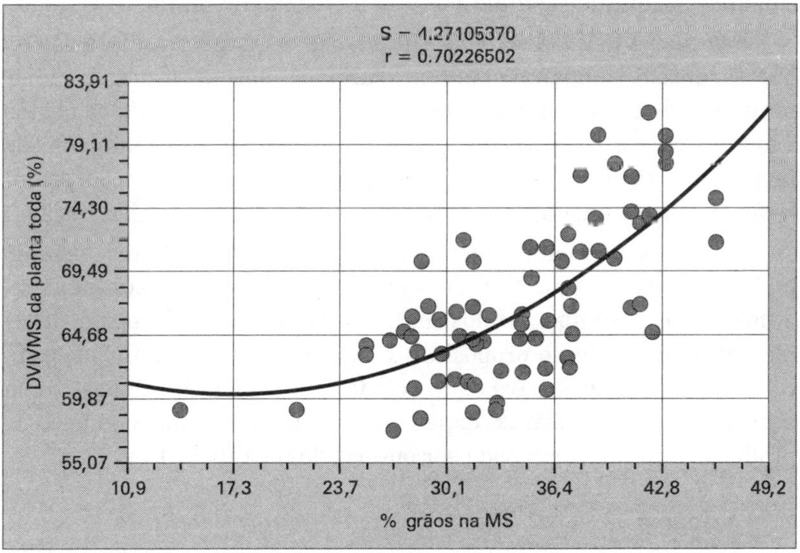

Figura 1. Relação entre a porcentagem de grãos na planta e a DVIVMS.

dessa porção se manifesta mais frequentemente quando a porcentagem de grãos na planta se apresenta em níveis superiores a 33,7%.

Alguns trabalhos conduzidos com o objetivo de comparar silagem de milho e silagem de sorgo demonstraram superioridade da primeira na maioria deles. Denham (1971), citado por Tonani (1995), utilizou novilhos Hereford e Hereford-Angus em 90 dias de experimento e encontrou ganhos médios diários de 0,60 e 0,37 kg para silagens de milho e de sorgo, respectivamente, fornecidas juntamente com um suplemento proteico à base de farelo de soja. A suplementação com ureia resultou em melhores ganhos: 0,62 kg para silagem de milho e 0,16 kg para silagem de sorgo, respectivamente.

2.2. Silagem de sorgo

A silagem de sorgo representa 80% a 90% do valor nutritivo da silagem de milho, considerada padrão. O menor consumo voluntário observado de silagem de sorgo, segundo Thomas (1961), além de ser decorrente do baixo teor de matéria seca da forragem, está em geral associado ao processo de fermentação inadequado, caracterizado por quantidades maiores de ácido acético e butírico, nitrogênio amoniacal, aminas, quando comparada com a silagem de milho.

Segundo Vilella (1985), as variedades de sorgo granífero são as que garantem silagem de melhor qualidade, pois apresentam maior proporção de grãos em relação à massa verde, encontrando-se nestas a maior fração energética disponível na planta. Os grãos também são responsáveis pelo incremento de matéria seca das forrageiras graníferas durante a ensilagem, evitando maiores perdas por lixiviação.

Trabalhos de melhoramento do sorgo estão sendo feitos, visando melhorar o valor nutritivo de suas silagens e, consequentemente, aumentar o desempenho dos animais. Os híbridos de porte intermediário, ditos "duplo propósito", vêm apresentando ganhos significativos em valor nutritivo e, de acordo com Zago (1991), constituem a principal perspectiva de exploração dessa planta no segmento de produção animal, como pode ser observado na Tabela 1.

2.3. Silagem de gramíneas tropicais: capim-elefante

Vários estudos demonstram que as gramíneas tropicais apresentam um elevado teor de umidade e baixo teor de carboidratos

Tabela 1. Avaliação agronômica e nutricional de cultivares de sorgo para produção de silagem.

Cultivar	Florescimento (dias)	Altura (m)	Acamamento (%)	Produção massa verde (t/ha)	MS (%)	DVIVMS (%)	FDN (%)	FDA (%)	Lig/FDN
ACA 726	51	2,61	0,3	30,2	21,7	59,4	52	32	16,1
AG 2002	73	3,10	3,4	47,5	19,6	60,4	51	28	11,0
AG 2005	54	1,79	—	23,7	28,1	63,7	48	27	11,4
AGX 202	73	3,04	2,0	43,2	20,9	60,3	59	35	12,4
AGX 213	76	3,05	3,0	49,8	21,7	60,8	56	33	10,5
BR 501	77	3,05	99,6	55,5	18,2	63,4	47	27	10,8
BR 601	73	2,99	2,0	51,9	21,7	61,0	52	30	11,8
BR 700	67	2,25	1,3	34,3	21,9	58,6	60	36	12,9
C 11	70	3,40	7,3	44,9	18,8	58,8	56	32	13,1
C 15	70	2,66	15,3	48,9	18,5	58,8	54	31	13,5
C 51	56	1,85	0,33	31,3	18,8	61,0	52	29	13,6
CEXP 9702	55	1,98	1,0	34,8	17,4	61,6	53	32	15,0
CMSX 5755	73	1,95	—	29,6	21,9	60,2	57	33	13,0
DK 57	56	1,47	—	25,0	22,5	58,9	53	34	13,0
MASSA 03	58	1,93	19,3	26,2	21,8	59,8	57	32	11,2
P 54037	51	2,83	21,3	36,4	20,0	53,7	56	35	17,3
P 8118	54	1,41	—	25,1	23,7	60,8	52	30	12,5
XB 1502	54	1,66	0,67	29,0	20,1	60,8	49	28	15,5

Dados obtidos durante a Avaliação Anual no Departamento de Produção Animal da Esalq/USP em Piracicaba, SP, em 1998, base integrante do Ensaio Nacional de Sorgo Forrageiro, conduzido pela Embrapa – Milho e Sorgo, Sete Lagoas, MG.

solúveis. Esses fatores, associados, prejudicam drasticamente o processo fermentativo, originando silagens ácidas e de baixo consumo voluntário pelos animais. Buscando solucionar esse problema, verificou-se a necessidade de adicionar à silagem de gramíneas tropicais ingredientes que atuassem no sentido de melhorar as características fermentativas, por meio da adição de carboidratos solúveis (melaço), do aumento da população de bactérias produtoras de ácido lático (aditivos biológicos), da inibição de processos fermentativos (ácido fórmico), ou do decréscimo da umidade (adição de materiais de elevado teor de matéria seca). O processo de aditivação com materiais de baixa umidade promove o aumento no teor de matéria seca, reduzindo a necessidade de formação de ácidos e a atividade da água do alimento. Além disso, diminui a exigência de carboidratos solúveis, garantindo assim um bom processo fermentativo, o que impede o desenvolvimento de microrganismos indesejáveis e torna a silagem de gramíneas tropicais um alimento de valor nutricional adequado e de baixo custo de produção.

De maneira geral, o uso exclusivo de forrageiras tropicais raramente tem condições de atender às exigências nutricionais do animal adulto e em produção. Desde que perdas de nitrogênio ocorram durante o processo de ensilagem do capim-elefante, mesmo na presença de aditivos estimuladores da fermentação, há necessidade do uso de suplementação com concentrados para compensar o baixo valor nutritivo desse alimento, quando administrado isoladamente (Lavezzo, 1993). Conforme apresentado na Tabela 2, após 60 a 70 dias de idade são identificados significativa redução na digestibilidade da MS e proporcional incremento nos componentes de parede celular.

2.4. Cana-de-açúcar

A elevada produção por unidade de área cultivada, o cultivo relativamente fácil, o baixo custo por unidade de matéria seca produzida, além da coincidência do período de maior disponibilidade com o período de maior escassez de pastos, são algumas das características que têm justificado a escolha da cana como recurso forrageiro a ser usado principalmente no período de estiagem. Outra característica positiva da cana-de-açúcar é o aumento de seu valor nutritivo

Tabela 2. Composição químico-bromatológica e coeficientes de digestibilidade do capim-elefante cortado em diferentes estádios de desenvolvimento.

Parâmetros	Idade — dias						
	28	45	56	75	84	105	112
MS (%)	—	17,0	—	20,1	—	19,2	—
PB (% MS)	15,3	14,9	8,4	7,0	4,8	5,8	4,1
EE (% MS)	—	4,9	—	3,8	—	3,2	—
FB (% MS)	—	23,95	—	29,5	—	35,8	—
MM (% MS)	—	15,75	—	13,3	—	12,3	—
ENN (% MS)	—	40,4	—	46,4	—	42,6	—
FDN (% MS)	—	51,0	—	60,7	—	66,9	—
CC (% MS)	—	49,0	—	39,3	—	33,1	—
EDA (% MS)	—	30,0	—	37,7	—	42,8	—
Cel (% MS)	31,3	24,3	35,4	29,8	39,7	33,8	41,3
Hcel (% MS)	—	21,0	—	23,0	—	24,1	—
Lg (% MS)	—	3,3	—	4,6	—	6,0	—
Si (% MS)	—	2,2	—	2,5	—	2,8	—
CHOs (% MS)	8,6	—	15,7	—	15,7	—	14,7
Alt. (m)	0,78	—	1,84	—	1,84	—	2,73
PMS (t/ha)	1,1	—	8,1	—	8,1	—	11,8
CDMS (%)	50,3	71,6	36,9	68,6	36,9	59,3	32,4
CDCel (%)	61,9	76,9	40,1	70,3	40,1	61,4	34,5

Fonte: Adaptado de Lavezzo (1993).
MS = matéria seca; PB = proteína bruta; EE = extrato etéreo; FB = fibra bruta; MM = matéria mineral; ENN = extratos não nitrogenados; FDN = fibra detergente neutro; CC = conteúdo celular; FDA = fibra detergente ácido; Cel = celulose; Hcel = hemicelulose; Lg = lignina; Si = sílica; CHOs = carboidratos solúveis; Alt = altura; PMS = produção de matéria seca; CDMS = coeficiente de digestibilidade de matéria seca; CDCel = coeficiente de digestibilidade da celulose.

com o aumento de sua maturidade. Ocorre um decréscimo no teor de nitrogênio (proteína bruta) e dos constituintes da parede celular e aumento do teor de matéria seca e conteúdo celular. O aumento do conteúdo celular, à medida que a planta atinge maturidade, é resultante do acúmulo de sacarose. Isto tem um efeito diluidor sobre os constituintes da parede celular, aumentando a digestibilidade da planta (Ludovico, 1983). A principal restrição de dietas baseadas em cana-de-açúcar para a produção animal está na reduzida ingestão de matéria seca, limitada pelo baixo fornecimento pós-rúmen de amido e proteína de origem alimentar. A elevação do teor de proteína bruta pode ser obtida pela utilização da ureia. Os minerais podem ser corrigidos com o fornecimento de sal mineral. Alimentos de origem vegetal se destacam como ótimas fontes de fornecimento de glucose e proteína pós-rúmen, como o farelo de soja, o farelo de algodão, entre outros (Lima e Mattos, 1993). Pacola et al. (1986) verificaram ganho médio de 0,780 kg/cabeça/dia em animais alimentados com dietas à base de 80% de cana e 20% de farelo de algodão. Hernandez (1998), avaliando variedades de cana-de-açúcar no desempenho de bovinos de corte mestiços (Canchim × Nelore), revelou o maior consumo potencial para variedades "RB". Os demais parâmetros de desempenho não foram alterados, conforme apresentado na Tabela 3. O maior nível de FDN da variedade CO 413 foi compensado pela maior digestibilidade dessa fração, revelando a manutenção dos níveis de digestibilidade dela e dos níveis de digestibilidade aparente da MS da forragem. A conclusão do autor ressalta a importância da maturidade da planta na colheita, a diversidade de maturidade entre variedades e a evolução da maturidade durante a safra ou colheita da forragem. A alteração na composição químico-bromatológica de variedades de cana-de-açúcar ao longo do ciclo de colheita em sistemas de produção animal é expressiva e explica boa parte das flutuações de desempenho observadas nesse período.

2.5. Girassol

O girassol possui elevada capacidade de adaptação, desenvolvendo-se bem em clima temperado, subtropical e tropical. Apresenta

Tabela 3. Desempenho de animais e a digestibilidade de dietas à base de diferentes variedades de cana-de-açúcar.

Parâmetros	CO 413	RB 72454	RB 806043
Consumo MS, kg/d	7,94	9,21	9,22
Ganho de peso vivo, kg/d	1,53	1,76	1,81
Conversão alimentar	5,22	5,26	5,09
Rendimento de carcaça, %	52,98	53,41	52,50
FDN, %	58,66	53,44	52,08
FDA, %	30,57	30,47	29,57
Digestibilidade aparente			
MS, %	70,93	67,76	66,28
FDN, %	54,42	37,00	36,91
FDA, %	46,12	30,28	29,26

Adaptado de Hernandez (1998).

maior resistência à seca e às baixas temperaturas, quando comparado ao milho, à soja e a outras culturas de verão. O ponto de colheita do girassol será determinado pelo objetivo de sua utilização: produção de grãos ou ensilagem. Segundo Costa (1994), recomenda-se o corte do girassol quando 75% ou mais dos aquênios do capítulo estão maduros (90 a 110 dias após a emergência), pois neste ponto obtém-se a maior produção de matéria seca por área, maior NDT e umidade adequada para o processo fermentativo da silagem. Neste ponto, a silagem produzida deverá apresentar pH entre 4,2 e 4,3, o que proporciona maior consumo voluntário.

Na Tabela 4, podem-se observar as características da silagem de girassol, comparada com a silagem de milho e a de sorgo, de acordo com Almeida (1993).

Estudos realizados com a planta toda do girassol mostraram que a silagem possui valor alimentício correspondente a 60% a 80% da silagem de milho para bovinos, afirma Atkinson, citado por Thomas et al. (1982). Experimentos realizados para avaliar o valor nutritivo da silagem de girassol têm mostrado maiores quantidades de extrato etéreo e proteína bruta, quando comparado ao da silagem de milho (Valdez et al., 1988; Fisher et al., 1993). A silagem de milho, por sua vez, tem qualidade superior na fração fibra, resultando em maiores índices de digestibilidade de matéria seca por hectare. Em várias revisões recentes (Marx, Mcguffey, Sneddon e Vanderssal, citados por Valdez et al., 1988) verifica-se que o conteúdo de lignina da silagem de girassol foi superior ao da silagem de milho. Isso sugere a possibi-

Tabela 4. Comparação da composição bromatológica das silagens de girassol, sorgo e milho.

Tipo de silagem	MS (%)	PB (%)	PD (%)	FDA (%)	FDN (%)	EB kcal/kg	ED kcal/kg	EM kcal/kg
Girassol	30,10	11,73	7,35	34,95	65,88	4993,1	3107,5	2548,1
Sorgo leitoso	26,88	7,24	3,54	33,18	68,39	4627,6	2587,4	2121,9
Sorgo s. duro	30,68	7,97	4,67	36,21	71,65	4373,3	2714,8	2226,1
Milho f. duro	32,76	8,65	4,58	31,41	68,37	4535,7	2914,9	2390,2

Fonte: Almeida (1993).

S = semi; F = farináceo; MS = matéria seca; PB = proteína bruta; PD = proteína digestível; FDA = fibra detergente ácido; FDN = fibra detergente neutro; EB = energia bruta; ED = energia digestível; EM = energia metabolizável.

lidade de a lignina ser o principal fator limitante para digestibilidade da silagem de girassol. No experimento realizado por Valdez et al. (1988) o conteúdo de lignina da silagem de girassol, assim como o da silagem de milho misturada com a de girassol, foi semelhante ao da silagem de milho (Tabela 5). Contudo, a proporção da fração lignina nas porções FDN e FDA foi superior para a silagem de girassol.

Tabela 5. Comparação das análises químicas de silagens de milho, girassol/milho e girassol.

Item	Milho	Milho/girassol	Girassol
MS (%)	24,6	23,4	23,4
cinzas (%)	7,7	11	14,5
pH	4	4,1	4,1
FDN (%)	65	56,8	43,3
FDA (%)	43	40,3	35,2
Lignina (%)	7,5	7,9	7,6
Proteína bruta (%)	9	10	11,5
E. etéreo (%)	2,9	5,4	12,1
NDT (%)	61,8	64	69,1

Fonte: Valdez (1988).

Ao analisar a performance de bovinos em crescimento alimentados com silagem de girassol ou silagem de alfafa, observou-se que os animais alimentados com girassol apresentaram maior consumo e ganho de peso que os alimentados com alfafa (Tabela 6). A maior ingestão de matéria seca dos animais alimentados com silagem de girassol pode ter sido devida à maior porcentagem de matéria seca e porcentagem de FDA da silagem de girassol, quando comparada com

Tabela 6. Performance de bovinos em crescimento alimentados com dietas de silagem de alfafa e girassol.

Item	Alfafa	Girassol
Número de animais	12	12
Peso inicial (kg)	276,8	278,9
Peso final (kg)	347,2	351,2
Ganho diário (kg)	1,16	1,20
Ingestão de MS diária (kg)	6,60	7,07
MS ingerida/ganho (kg)	5,72	5,84

Fonte: Thomaz (1982).

a silagem de alfafa (Thomaz et al., 1982). Segundo Oltjen e Bolsen, citados por Thomaz et al. (1982), a cada 1% de aumento na matéria seca da silagem, a ingestão de matéria seca aumenta 0,0176 kg. Para cada 1% de aumento na FDA, a ingestão de matéria seca diminui por volta de 0,0846 kg. Como no experimento citado anteriormente a silagem de girassol possuía 29,4% de MS e 35,2% de FDA na MS, e a silagem de alfafa, 26,4% de MS e 54,5% de FDA na MS, isso pode ter causado o menor consumo de silagem de alfafa.

Edwards et al. (1978) examinaram a composição química da silagem de girassol quando a planta foi ensilada fresca ou pré-secada, e observaram que a pré-secagem teve efeito significativo na fermentação da ensilagem, que apresentou menor concentração de ácido acético.

Os dados obtidos por Câmara e Da Silva (1997) confirmam que, para a adequação do processo fermentativo, o corte da planta deve ocorrer entre 94 e 103 dias após a emergência; quando esta apresenta inflorescência e brácteas senescentes, revela o teor de matéria seca próximo de 30%, pH de estabilidade da massa e DVIVMS ao redor de 69%.

Tabela 7. Valor nutritivo da silagem de plantas de girassol (alto óleo) cortadas em diferentes estádios fenológicos de desenvolvimento.

Estádio fenológico	Dias após emergência	MS (%)	PB (%)	EE (%)	FDA (%)	LIG (%)	DIVM S (%)	pH silagem
Início antese	56	13,45	11,54	2,43	39,9	2,93	73,31	4,44
Antese completa	68	15,31	9,96	2,77	41,7	1,65	74,95	3,93
Inflorescência + brácteas amarelecidas	94	23,46	8,91	11,81	41,6	5,06	69,25	4,63
Maturação completa	103	36,02	9,18	18,88	41,5	7,55	68,88	3,08

Fonte: Câmara e Da Silva (1997)
Projeto de pesquisa conjunta dos Departamentos de Agricultura e de Produção Animal da Esalq/USP.

2.6. Milheto

Em função de suas características fisiológicas, o milheto se adapta a solos ácidos e de baixa fertilidade, os quais não são bastante adequados para outras culturas (Singh et al., 1987). O milheto apresenta bom comportamento na maioria dos solos, desde que não sejam sujeitos ao encharcamento. Entretanto, como todas as culturas, expressa seu potencial quando semeado em solos profundos e férteis. Outrossim, sobrevive melhor do que os outros cereais em solos arenosos e de baixa fertilidade.

O início do pastejo do milheto, em relação ao seu estágio fenológico, influencia a produção de matéria seca da forragem e, consequentemente, a capacidade de suporte. Normam e Phillips (1968), citados por Cóser et al. (1983), verificaram que as maiores produções de matéria seca foram obtidas quando se iniciou o pastejo na fase de pré-floração. De acordo com Freitas (1988), a entrada dos animais deve ocorrer quando as plantas apresentam em média 50 a 70 cm de altura, o que ocorre cerca de 40 a 60 dias após a semeadura. O mesmo autor indica que o pastejo (ou mesmo corte) deve ser iniciado quando as plantas ainda estão em crescimento vigoroso, no estádio vegetativo. É preciso que se faça, após cada pastejo, um corte de uniformização na pastagem, para que os colmos não pastejados não atinjam o estádio de maturidade, permitindo uma rebrota mais uniforme. A altura das plantas após pastejadas (ou cortadas) não deve ser inferior a 20 cm do solo. Após a saída dos animais, no caso do pastejo rotacionado, deve-se fazer a adubação nitrogenada, conforme a exigência da planta. Segundo Freitas (1988), para o pastejo rotacionado recomenda-se o uso de piquetes com área reduzida, a serem utilizados pelos animais sob alta lotação, devendo ser o período máximo de ocupação de 7 dias. O período de descanso dos piquetes com o milheto deve ser de 30 a 40 dias. Andrews e Kumar (1992), em revisão das características do grão de milheto, observaram que não é frequente a presença de taninos, mas a presença de fenóis foi detectada no grão. O grão de milheto apresenta 75% de endosperma, 17% de gérmen e 8% de casca, sendo a proporção do gérmen no grão o dobro daquela observada no grão de sorgo, o que contribui para melhorar seu valor nutritivo.

2.7. Bagaço tratado a pressão e vapor (BTPV)

O Brasil ocupa hoje a posição de maior produtor mundial de álcool. Este crescente aumento tornou disponível uma grande variedade de subprodutos, dentre os quais os mais abundantes são os lignocelulósicos. O manuseio desses subprodutos é difícil, envolvendo despesas com transporte, mão de obra e áreas de sacrifício e controle de poluição. O principal produto fibroso é o bagaço *in natura* (BIN), que, apesar de ser utilizado como fonte de energia, ainda apresenta excedente de 37 kg a 50 kg por tonelada de cana moída (Burgi, 1985).

Resultante da moagem da cana-de-açúcar, processo que tem por finalidade a extração máxima do caldo da cana, ou seja, o conteúdo rico em nutrientes, o bagaço constitui um alimento rico em parede celular, de baixo conteúdo celular, baixa digestibilidade e densidade, pobre em proteínas e minerais (Santos, 1990). Sua composição química e bromatológica pode apresentar pequena variação, dependendo principalmente da variedade de cana da qual é obtido. As características bromatológicas podem ser observadas na Tabela 8.

Devido à baixa qualidade nutricional do BIN, várias pesquisas foram feitas no intuito de determinar tratamentos capazes de melhorar as características desse alimento. O tratamento mais amplamente difundido é o físico, no qual o material é exposto a altas

Tabela 8. Composição bromatológica do BIN e BTPV.

	BIN	BTPV
MS (%)	43,2-48,21	40,32
pH	5,5	3,0
Densidade (kg/m^3)	100-150	300 400
DVIVMS (%)	32,6-33,61	64,82
COMPOSIÇÃO (% da MS)		
Proteína bruta	1,88	1,67
Extrato etéreo	2,26	4,86
Matéria mineral	2,73	4,77
Extrativo não nitrogenado	48,06	54,25
Fibra detergente ácido	62,33-63,40	62,65
Fibra detergente neutro	85,24-94,8	58,16
Celulose	44,69	43,99
Hemicelulose	22,91	—
Lignina em detergente ácido	14,89	15,06
Ca	—	0,12
P	—	0,02
Fenol	0,4	7,2

Fonte: Burgi (1985).

temperaturas, associadas a elevada pressão (como o BTPV, bagaço tratado sob pressão de vapor). Nesse tratamento, as variáveis são três: pressão, temperatura e tempo de tratamento (Burgi, 1985).

Por esse processo, a hemicelulose é quase totalmente solubilizada, devido ao rompimento das ligações do tipo éster com a lignina. A lignina é parcialmente degradada, provocando aumento de compostos fenólicos e furfural. Na segunda fase do processo, a decomposição rápida vaporiza a água presente no interior do hidrolisador, promovendo o afrouxamento da estrutura fibrosa da parede celular, sendo o resultado do tratamento um produto caracterizado como alimento de acidez elevada, friável, com densidade, digestibilidade da MS e conteúdo celular superiores ao BIN. O tamanho da partícula do BTPV é reduzido, bem inferior ao BIN, e o teor de proteínas e minerais permanece baixo. A maior vantagem do BTPV em relação ao BIN é, sem dúvida, o maior consumo de MS obtido em dietas de ruminantes, devido ao aumento da digestibilidade e à taxa de passagem pelo rúmen (Nussio e Balsalobre, 1993). As características bromatológicas do BTPV podem ser observadas na Tabela 8.

O Departamento de Produção Animal da Esalq tem desenvolvido intensas atividades de pesquisa no sentido de estudar a utilização do bagaço de cana-de-açúcar na alimentação de bovinos. Esses projetos geraram a publicação de diversos trabalhos científicos completos (Lanna e Boin, 1990), resumos de trabalhos (Lanna e Boin, 1988; Nussio et al., 1990; Nussio et al., 1991; Lanna et al., 1994; Lanna et al., 1995a; Lanna et al., 1995b) e dissertações de mestrado (Burgi, 1985; Costa, 1987; Mello Jr., 1987; Bem, 1991; Santos, 1991; Silva, 1992; Nussio, 1993). Essas pesquisas têm procurado equacionar problemas encontrados em dietas à base de BTPV, como pH ruminal, timpanismo, e estudar o efeito de ionóforos de diferentes fontes de fibra íntegra, como bagaço cru, feno e cana, de alterações na proporção de concentrados e do uso de diferentes fontes proteicas.

3. Simulação de sistemas de produção de corte baseados em diferentes opções de volumosos suplementares

A análise de simulação que se segue nas Tabelas 9 a 16 e nas Figuras 2 a 5 tem por objetivo demonstrar a possibilidade de formular dietas com diferentes fontes de forragem tropical suplementar para novilhos de corte com ritmo de ganho de peso de 0,85 kg/d ou 1,25 kg/d, sob regime de confinamento. A Tabela 9 apresenta o valor nutricional médio de algumas opções de volumosos suplementares, incluindo breve descrição das características agronômicas e de manejo observadas na produção da forragem. Os valores dos parâmetros nutricionais expressos na Tabela 9 foram baseados em dados do NRC-Gado Leite (1989), NRC-Gado Corte (1996) e National Forage Testing Association-Undersander et al. (1993). Com base na Tabela 9 foram calculadas as estimativas de ganho de peso por tonelada de MS da forragem (kg de peso vivo/t MS) e de ganho de peso por unidade de área (kg de peso vivo/ha), como apresentadas nas Tabelas 12 e 14, para animais ganhando 0,85 e 1,25 kg/d, respectivamente. Para tanto, foram consideradas as exigências nutricionais de manutenção e de produção, baseadas em um animal castrado, mestiço (Nelore × Europeu), com cerca de 300 kg de peso vivo. Adotou-se como premissa a utilização das forragens para o máximo atendimento da exigência de energia do animal. O modelo de análise adotado foi baseado na proposta de Undersander et al. (1993), que sugeriu uma planilha de cálculo da produção de leite por unidade de área baseada em produtividade agrícola e valor nutritivo da forragem – MILK 91. Recentemente, os autores sugeriram alterações na planilha, gerando a versão MILK 95, que pode ser acessada pelo *web site*: http://www.uwex.edu/ces/forag/.

Adotou-se como critério a concentração de NDT da forragem para definir a participação de volumosos na MS da dieta, e não a concentração de FDN, visto que, de acordo com os dados das Tabelas 10 e 11, a adoção do nível de FDN atenderia aos mínimos requerimentos de fibra, contudo limitaria a participação dos volumosos na dieta. Assim, o atendimento das exigências de NDT variou entre 95,6% (silagem de milho) e 55,6% (BTPV) para animais ganhando 0,85 kg/d (Tabela 10) e entre 41,9 (silagem de milho) e 24,3% (BTPV) para ganho de 1,25 kg/d (Tabela 11). Com base na ingestão diária de MS para cada volumoso, foi calculado o número de dias suportado por tonelada de MS da forragem. Dessa forma, o baixo nível de consumo do volumoso foi compensado por maior período de suporte naquela fonte de forragem. A produção de kg de peso vivo/t MS volu-

Tabela 9. Parâmetros agronômicos e valor nutritivo médio de volumosos suplementares.

Volumoso	Especificação	Produção MS t/ha	% MS	% PB	FDN	FDA	NDT
					% MS		
Silagem de milho	40% de grãos	13	33,0	8,7	48,0	28,0	69,0
Silagem de sorgo	Duplo propósito	15	30,0	9,4	57,0	36,0	64,0
Silagem de capim-elefante	60 dias	40	23,0	7,8	75,0	42,0	57,0
Cana corrigida	1% de ureia + sulf. amônio	30	30,0	11,0	53,0	33,0	59,0
Silagem de girassol	Maturação completa 95 (DAE)*	15	30,0	10,5	45,0	41,0	64,0
Milheto-corte	Pré-florescimento	8	28,0	12,0	59,9	34,4	64,0
BTPV	Bagaço tratado a pressão e vapor	15	40,3	1,67	59,5	55,1	55,4

* Dias após a emergência.

Tabela 10. Proporção dos ingredientes na dieta para atender a exigência para ganho de peso/dia de 0,85 kg: 13,32% de proteína bruta e 66,55% de NDT.

Ingredientes	Silagem de milho	Silagem de sorgo	Silagem de CE	Cana corrigida	Silagem de girassol	Milheto-corte	BTPV
Volumoso	95,6	78,2	61,0	66,8	79,3	80,9	55,6
Farelo de soja	—	—	2,3	—	—	—	7,8
Milho	0,7	18,4	33,3	30,2	17,6	16,5	32,6
Ureia	1,8	1,5	1,5	1,1	1,2	0,7	2,0
Premix	2,0	2,0	2,0	2,0	2,0	2,0	2,0
R$/t MS dieta	74,5	90,9	87,6	75,6	82,3	85,2	102,7

Tabela 11. Proporção dos ingredientes na dieta para atender a exigência para ganho de peso/dia de 1,25 kg: 13,92% de proteína bruta e 77,85% de NDT.

Ingredientes	Silagem de milho	Silagem de sorgo	Silagem de CE	Cana corrigida	Silagem de girassol	Milheto-corte	BTPV
Volumoso	41,9	34,4	26,8	29,3	34,8	35,5	24,3
Farelo de soja	—	0,7	1,8	—	—	—	2,1
Milho	54,4	61,4	67,8	67,3	61,8	61,3	69,7
Ureia	1,7	1,5	1,5	1,4	1,5	1,3	2,0
Premix	2,0	2,0	2,0	2,0	2,0	2,0	2,0
R$/t MS dieta	112,5	120,6	119,3	112,9	115,9	117,2	123,0

Tabela 12. Estimativa de produção de kg carne/t MS e kg de carne/ha para os diversos volumosos para animais com ganho de peso/dia de 0,85kg

Volumoso	% Volumoso na MS da dieta			Volumoso	Produtividade		
		% NDT[1]	kg NDT/d[2]	kg MS/d[3]	dias/t MS[4]	kg PV/t MS[5]	kg PV/ha[6]
Silagem de milho	95,6	99,1	4,8	7,0	143,7	122	1588
Silagem de sorgo	78,2	75,2	3,6	5,7	175,7	149	2240
Silagem de capim-elefante	61,0	52,2	2,5	4,4	225,3	191	7660
Cana corrigida	66,8	59,2	2,9	4,9	205,7	174	5244
Silagem de girassol	79,3	76,3	3,7	5,8	173,2	147	2208
Milheto-corte	80,9	77,8	3,8	5,9	169,9	144	1155
BTPV	55,6	46,3	2,2	4,1	247,1	210	3150

Macho castrado; cruzado (Europeu x Nelore); 300 kg PV; consumo de alimento estimado em 7,28 kg MS/dia (2,43% do peso vivo); GPD 0,85 kg; preço da arroba R$ 26,0; 53% de rendimento de carcaça. Exigências de 13,32% de PB e 66,55% de NDT. Exigências para ganho de peso calculadas pelo NRC Gado de Corte (1996).

Bases para cálculo:

1) % de NDT atendida pelo volumoso = (% do volumoso na matéria seca da dieta * % de NDT do volumoso)/exigência de NDT da dieta.
2) kg de NDT/dia = (% de NDT atendida pelo volumoso * exigência de kg de NDT/dia)/100.
3) kg de MS/dia = (% do volumoso na matéria seca da dieta * consumo de matéria seca/animal/dia)/100.
4) dias/t MS = 1000/kg de MS/dia atendido pelo volumoso.
5) kg PV/t MS = Dias/t MS * GPD.
6) kg PV/ha = kg PV/t MS * produção do volumoso/ha.

Tabela 13. Estimativa de retorno por t/MS e retorno/ha pela utilização de diversos volumosos para animais com ganho de peso/dia de 0,85 kg.

Volumoso	**Custo do volumoso**	**R$ retorno — volumoso**				**R$ retorno — dieta**		**Retorno relativo — dieta**	
	R$/t MS	R$/ha[1]	R$/kg PV[2]	R$/t MS[3]	R$/ha[4]	R$/t MS[5] dieta	R$/ha[6]	R$/t MS[7]	/ha[8]
Silagem de milho	64,2	834	0,53	48,0	624	32,7	445	100,0	100
Silagem de sorgo	70,0	1050	0,47	67,2	1008	16,4	314	50,0	70
Silagem de capim-elefante	40,0	1600	0,21	135,9	5437	19,6	1289	60,0	290
Cana corrigida	37,0	1110	0,21	123,6	3708	31,7	1423	96,8	320
Silagem de girassol	60,7	910	0,41	74,6	1119	25,0	472	76,3	106
Milheto — corte	66,7	533	0,46	66,0	528	22,0	218	67,3	49
BTPV	40,0	600	0,19	153,0	2294	4,6	124	14,0	28

Macho castrado; cruzado (Europeu x Nelore); 300 kg PV; consumo de alimento estimado em 7,28 kg MS/dia (2,43% do peso vivo); GPD 0,85 kg; preço da arroba R$ 26,0; 53% de rendimento de carcaça. Exigências de 13,32% de PB e 66,55% de NDT. Exigências para ganho de peso calculadas pelo NRC Gado de Corte (1996).

Bases para cálculo:

1) R$/ha = R$/t MS * produção do volumoso/ha.
2) R$/kg PV = R$/ha/ kg PV/ha.
3) R$ retorno volumoso/t MS = (kg PV/t MS * preço pago por @) – R$/t MS.
4) R$ retorno volumoso/ha = (kg PV/ha * preço pago por @) – R$/ha.
5) R$ retorno/t MS da dieta = (1.000/consumo de MS da dieta por dia * GPD * R$/kg PV) — R$/t MS dieta.
6) R$ retorno/ha = (dias/t MS * produção volumoso/ha * GPD * R$/kg PV) – (dias/t MS * produção volumoso/ha * CMS/1.000) * R$/t MS dieta).
7) Retorno relativo/t MS dieta = R$ retorno/t MS dieta * 100/ R$ retorno/t MS dieta da silagem de milho.
8) Retorno relativo/ha = R$ retorno/ha * 100/R$ retorno/ha da silagem de milho.

Tabela 14. Estimativa de produção de kg de carne/t MS e kg de carne/ha para os diversos volumosos para animais com ganho de peso/dia de 1,25 kg.

Volumoso	% volumoso na MS da dieta		Volumoso			Produtividade	
		% NDT	kg NDT/d	kg MS/d	dias/t MS	kg PV t MS	kg PV/ha
Silagem de milho	41,9	37,1	2,1	3,0	335,6	419,5	5453,4
Silagem de sorgo	34,4	28,3	1,6	2,4	408,7	511,1	7666,1
Silagem de capim-elefante	26,8	19,6	1,1	1,9	524,0	655,0	26201,0
Cana corrigida	29,3	22,2	1,2	2,1	480,0	600,0	18000,9
Silagem de girassol	34,8	28,6	1,6	2,5	404,4	505,5	7582,3
Milheto — Corte	35,5	29,2	1,6	2,5	396,5	495,6	3965,2
BTPV	24,2	17,3	1,0	1,7	580,0	725,0	10874,8

Macho castrado; cruzado (Europeu x Nelore); 300 kg PV; consumo de alimento estimado em 7,11 kg MS/dia (2,37% do peso vivo); GPD 1,25 kg; preço da arroba R$ 22,0; 53% de rendimento de carcaça. Exigências de 13,92% de PB e 77,85% de NDT. Exigências do animal calculadas pelo NRC Gado de Corte (1996).

Bases para cálculo:

1) % de NDT atendida pelo volumoso = (% do volumoso na matéria seca da dieta * % de NDT do volumoso)/exigência de NDT da dieta.
2) kg de NDT/dia = (% de NDT atendida pelo volumoso * exigência de kg de NDT/dia)/100.
3) kg de MS/dia = (% do volumoso na matéria seca da dieta * consumo de matéria seca/animal/dia)/100.
4) dias/t MS = 1.000/kg de MS/dia atendido pelo volumoso.
5) kg PV/t MS = dias/t MS * GPD.
6) kg PV/ha = kg PV/t MS * produção do volumoso/ha.

Tabela 15. Estimativa de retorno por t/MS e retorno/ha pela utilização de diversos volumosos para animais com ganho de peso/dia de 1,25 kg.

Volumoso	Custo do volumoso R$		Retorno — volumoso R$			retorno — dieta		Retorno relativo — dieta	
	R$/tMS	R$/ha	R$/kgPV	R$/t MS	R$/ha	R$/tMS dieta	R$/ha	R$ /t MS	/ha
Silagem de milho	64,2	834,6	0,15	321,2	4175,4	49,1	1521,6	100,0	100,0
Silagem de sorgo	70,0	1050,0	0,14	399,5	5992,8	40,9	1782,4	83,3	117,1
Silagem de capim-elefante	40,0	1600,0	0,06	561,8	22470,9	42,2	6288,4	86,0	413,3
Cana corrigida	37,0	1110,0	0,06	514,2	15427,4	48,6	4976,7	99,1	327,1
Silagem de girassol	60,7	910,5	0,12	403,7	6055,4	45,7	1969,0	93,1	129,4
Milheto — Corte	66,7	533,6	0,13	388,7	3109,3	44,4	1000,6	90,4	65,8
BTPV	40,0	600,0	0,06	626,0	9390,6	38,6	2385,5	78,6	156,8

Macho castrado; cruzado (Europeu x Nelore); 300 kg PV; consumo de alimento estimado em 7,11 kg MS/dia (2,37% do peso vivo); GPD 1,25 kg; preço da arroba R$ 26,0; 53% de rendimento de carcaça. Exigências de 13,92% de PB e 77,85% de NDT. Exigências para ganho de peso calculadas pelo NRC Gado de Corte (1996).

Bases para cálculo:

1) R$/ha = R$/t MS * produção do volumoso/ha.
2) R$/kg PV = R$/ha/kg PV/ha.
3) R$ retorno volumoso/t MS = (kg PV/t MS * preço pago por @) – R$/t MS.
4) R$ retorno volumoso/ha = (kg PV/ha * preço pago por @) – R$/ha.
5) R$ retorno/t MS da dieta = (1.000/consumo de MS da dieta por dia * GPD * R$/kg PV) — R$/t MS dieta.
6) R$ retorno/ha = (dias/t MS* Produção Volumoso/ha * GPD * R$/kg PV) – ((dias/t MS * Produção volumoso/ha * CMS/1.000) * R$/t MS dieta).
7) Retorno relativo/t MS dieta = R$ retorno/t MS dieta * 100/ R$ retorno/t MS dieta da silagem de milho.
8) Retorno relativo/ha = R$ retorno/ha*100/R$ retorno/ha da silagem de milho.

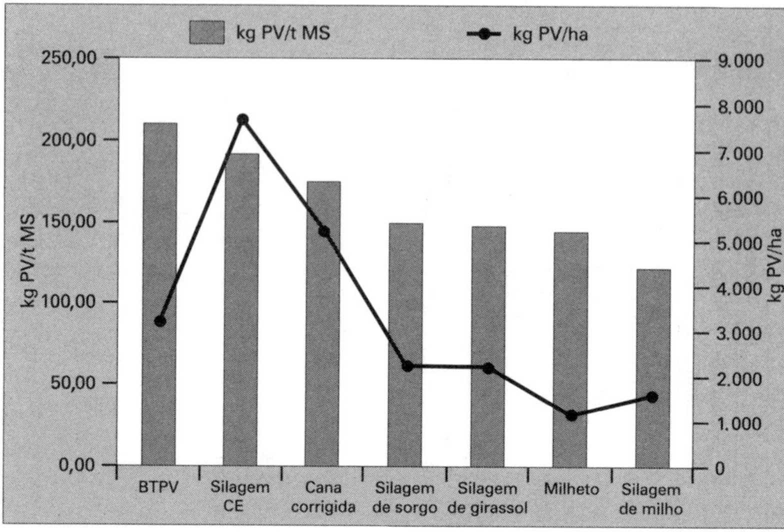

Figura 2. Estimativa de produção de kg PV/ha e kg PV/t MS para animais com ganho de peso/dia de 0,85 kg.

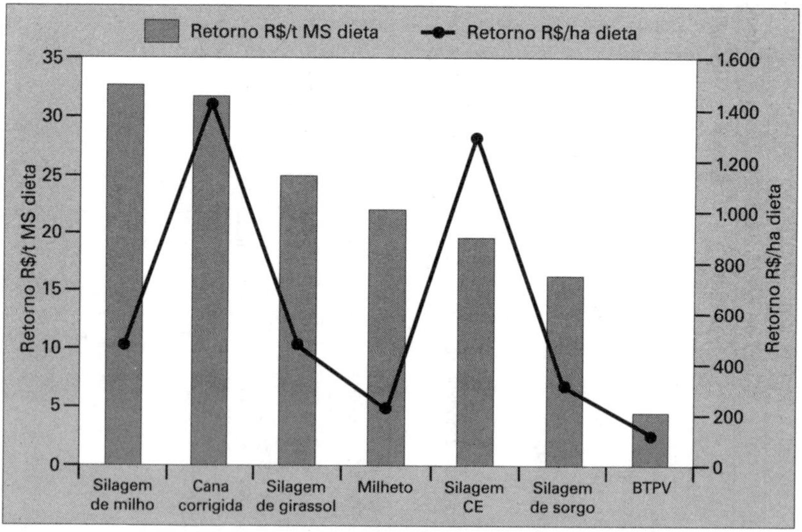

Figura 3. Estimativa de retorno R$/ha e retorno R$/t MS da dieta para animais com ganho de peso/dia de 0,85 kg.

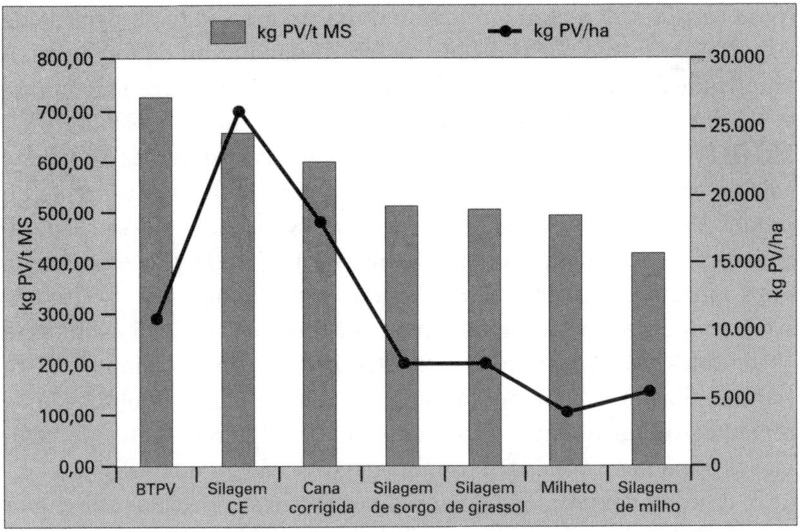

Figura 4. Estimativa de produção de kg PV/ha e kg PV/t MS para animais com ganho de peso/dia de 1,25 kg.

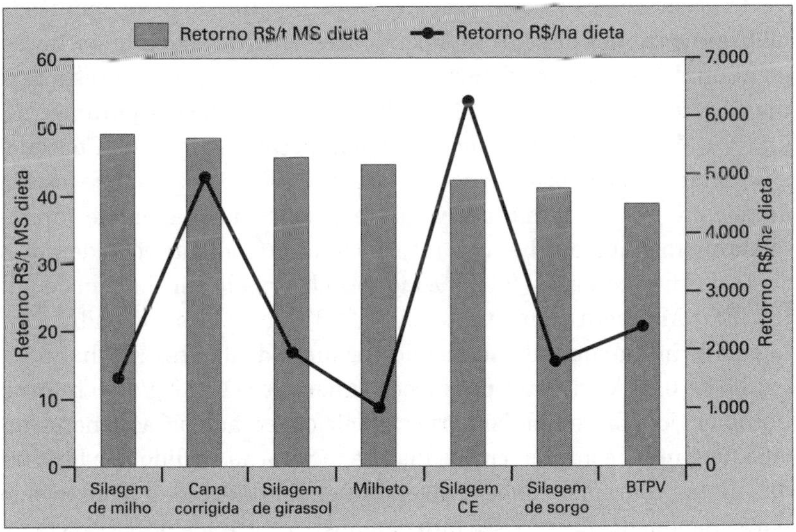

Figura 5. Estimativa de retorno R$/ha e retorno R$/t MS da dieta para animais com ganho de peso/dia de 1,25 kg.

moso considerou o ganho individual diário, associado ao período de suporte garantido por tonelada de MS de cada fonte de forragem. A amplitude de valores observados variou entre 122 (silagem de milho) e 210 kg PV/t MS (BTPV), e 419 (silagem de milho) e 725 kg PV/t MS (BTPV), para ganhos de 0,85 e 1,25 kg/d, respectivamente. Como cálculo consequente, à produção animal por hectare foi associada a produtividade agrícola adotada para cada volumoso. Nesse caso, níveis de produtividade entre 1.155 (milheto) e 7.660 kg/ha (capim-elefante) foram observados para animais com ganho previsto de 0,85 kg/d, enquanto para animais com maior produção de 1,25 kg/d foram observados 3.065 (milheto) e 26.201 kg/ha (capim-elefante). Este fato, analisado isoladamente, indica a possibilidade de obtenção de níveis de produtividade semelhantes entre algumas fontes de volumosos suplementares para um mesmo nível de ganho individual diário, criando flexibilidade de opção por culturas agrícolas sob maior diversidade edafoclimática. Nas Tabelas 13 a 15 estão apresentados os resultados da simulação de retorno para o volumoso e para a dieta contendo o volumoso, expressos em R$/t MS e R$/ha, para ganhos de 0,85 e 1,25 kg/d, respectivamente. O custo de produção dos volumosos foi baseado nos valores observados no *Boletim do Leite,* publicado mensalmente pela Fealq. Independentemente do nível de produção do animal, volumosos de menor valor nutritivo original apresentam maior retorno líquido da fração volumoso, em ambos os parâmetros, kg PV/t MS e kg PV/ha, como a silagem de capim-elefante. Contudo, essa interpretação poderia ser revista se o critério de análise fosse a dieta contendo o volumoso. No caso específico da silagem de capim--elefante incluída em dietas, o retorno líquido (somente considerado o custo dos ingredientes) foi 60% daquele observado em silagem de milho (R$/t MS dieta), entretanto foi de 290% em relação ao padrão (silagem de milho) quando analisado por unidade de área (R$/ha) para ganho de 0,85 kg/d. Para produções superiores (1,25 kg/d), o retorno líquido médio foi sempre superior àquele observado para menores níveis de ganho, contudo, curiosamente, o retorno líquido por hectare das dietas contendo silagem de capim-elefante excedeu o observado para silagem de milho. Esse fato demonstra a grande importância da produtividade agrícola na competitividade de determinada opção de volumoso suplementar e cria o desafio de estruturação gerencial na

Tabela 16. Custo da arroba proveniente do volumoso exclusivo e da dieta para animais com ganho de peso diário de 0,85 kg e 1,25 kg.

Volumoso	R$/@ para ganho de peso/dia de 0,85 kg		R$/@ para ganho de peso/dia de 1,25 kg	
	Volumoso	Dieta	Volumoso	Dieta
Silagem de milho	15,0	18,1	4,2	18,1
Silagem de sorgo	13,3	22,0	3,9	19,4
Silagem CE	5,9	21,2	1,7	19,2
Cana corrigida	5,9	18,3	1,7	18,2
Silagem de girasssol	11,6	19,9	3,4	18,6
Milheto — Corte	13,0	20,7	3,7	18,8
BTPV	5,4	24,9	1,7	19,8

propriedade, no sentido de efetivar a produção de forragem prevista como potencial da cultura. O setor de produção vem acenando para ganhos de eficiência na capacidade de colheita e conservação de forragens tropicais de alta produtividade agrícola, sem contudo deixar de expressar o anseio por desenvolvimento tecnológico mais agressivo da indústria de equipamentos de apoio. Além disso, o risco em não efetivar a conservação de forragem proveniente de determinada gleba é maior para forragens como capim-elefante e cana-de-açúcar, quando comparadas às do milho e sorgo para silagem, devido exatamente à maior produção de massa, ao desgaste de equipamentos e à suscetibilidade às intempéries climáticas durante a colheita.

A análise dos dados indica também que, se o objetivo for a redução do custo unitário de ganho (kg), volumosos como a silagem de milho, cana corrigida e silagem de girassol permitiriam menor custo/ganho produzido, enquanto a silagem de capim-elefante, sorgo, BTPV e milheto seriam escolhas mais onerosas. Esse fato traduz numericamente o conceito de qualidade de volumosos, em que a maior densidade energética se estabelece como o fator de vantagem em relação às demais opções.

Referências bibliográficas

ALMEIDA, M. F. Composição química e consumo voluntário das silagens de sorgo em dois estádios de corte, girassol e milho para ruminantes. Lavras: Esal, 1993.

ANDREWS, D. J.; KUMAR, K. A. Pearl millet for food, feed and forage. **Advances in Agronomy. San Diego**. v. 48, p. 89-139, 1992.

BEM, C. H. W. **Efeito de bicarbonato de sódio e/ou lasalocida sobre digestibilidade de dietas com bagaço de cana.** Piracicaba, 1991. 73p. (Mestrado) — Escola Superior de Agricultura "Luiz de Queiroz"/USP.

BURGI, R. **Produção de bagaço de cana-de-açúcar auto-hidrolisado e avaliação do seu valor nutritivo para ruminantes**. Piracicaba, 1985. 89p. (Mestrado) — Escola Superior de Agricultura "Luiz de Queiroz"/USP.

CÂMARA, G. M.; DA SILVA, S. C. Comunicação pessoal, 1997.

CORSI, M.; FARIA, V. P. de.; SILVA, S. P. da. Princípios de manejo do capim--elefante sob pastejo. In: **Pastagens de capim-elefante — Utilização intensiva.** Piracicaba, SP: Fealq, 1996. p. 51-67.

CÓSER, A. L.; MARASCHIN, G. E. Desempenho animal em pastagens de milheto comum e sorgo. **Pesquisa Agropecuária Brasileira**, Brasília, 18(4), 1983. p. 421-426.

COSTA, W. C. **Boletim da Assistência Nestlé aos produtores de leite.** Patos de Minas, 1994.

COSTA, L. R. O. **Suplementação de ureia em dietas de bagaço de cana--de-açúcar auto-hidrolisado para ruminantes**. Piracicaba, 1987. 102p. (Mestrado) — Escola Superior de Agricultura "Luiz de Queiroz"/USP.

DA SILVA, S. C. A cana-de-açúcar como alimento volumoso suplementar. In: **Volumosos para bovinos**. Piracicaba, SP: Fealq, 1993. p. 59-74.

EDWARDS, R. A.; HARPER, F.; HENDERSON, A. R.; DONALDSON, E. The Petential of Sunflower as a Crop for Ensilage, **Jornal Sci. Fd. Agric.** Edinburg 29: 332-338, 1978.

FISHER, L. J.; BITTMAN, S.; MIR, Z.; MIR, P.; SHELFORD, J. A. Nutritional evaluation of ensilage made from intercropped corn and sunflowers. **Canadian Journal Animal Science**, v. 73, p. 539-545, set. 1993.

FREITAS, E. A. G. Milheto na produção de leite: um experimento com capim italiano como pasto de verão-outono. **Agropecuária Catarinense**, Florianópolis, v. 1, n. 2, 1988. 20p.

FURLAN, R. S. Conservação de forragens — Fenação. In: SIMPÓSIO SOBRE PECUÁRIA LEITEIRA. **Anais...** Faculdade de Medicina Veterinária e Zootecnia/USP. São Paulo, 1977, p. 207-240.

GHELFI FILHO, H. **Efeito da irrigação sobre a produtividade do capim--elefante (*Pennisetum purpureum* Schum) variedade Napier**. Piracicaba, SP, 1972. 77p. Tese (Doutorado). Esalq/USP.

HERNANDEZ, M. R. **Desempenho e digestibilidade aparente de variedades de cana-de-açúcar com bovinos**. Jaboticabal, SP, 1998. 69p. Dissertação (Mestrado). FCAV–Unesp.

LANNA, D. P. D.; BOIN, C.; FOX, D. G.; SILVA, S. C.; MARGARIDO, R.; PESSINA, A. O. Substituição do farelo de soja por levedura para animais em crescimento recebendo bagaço de cana hidrolisado. XXXII REUNIÃO DA SOCIEDADE BRASILEIRA DE ZOOTECNIA. **Anais...** Brasília, DF, 1995.

LANNA, D. P. D.; BOIN, C.; FOX, D. G.; SILVA, S. C.; MARGARIDO, R.; PETTO, M. C. Exigências de proteína de tourinhos em crescimento alimentados com dietas à base do bagaço de cana hidrolisado. XXXII REUNIÃO DA SOCIEDADE BRASILEIRA DE ZOOTECNIA. **Anais...** Brasília, DF, 1995.

LANNA, D. P. D.; BOIN, C. Estimativa da composição química de ruminantes através de práticas de diluição de isótopos. V CONGRESSO BRASILEIRO DE INICIAÇÃO CIENTÍFICA EM CIÊNCIAS AGRÁRIAS, realizado em Lavras, MG, no período de 2 a 6 de setembro de 1985. **Anais...**

LANNA, D. P. D.; BOIN, C. Efeito do bicarbonato de sódio, feno e bagaço *in natura* sobre a digestibilidade e desempenho de zebuínos em crescimento alimentados com bagaço de cana auto-hidrolisado. **Anais da Esalq**, 47(2): 417-434, 1990.

LANNA, D. P. D. **Estimativa da composição química do corpo vazio de tourinho Nelore através da gravidade específica da carcaça e da composição de cortes das costelas**. Piracicaba, SP, 1988. 131p. Tese (MS). Universidade de São Paulo.

LAVEZZO, W. Ensilagem do capim-elefante. In: SIMPÓSIO SOBRE MANEJO DA PASTAGEM. Piracicaba, 1993. **Anais..., 10.** Piracicaba, SP: Fealq, 1993. p. 169-275.

LIMA, M. L. M.; MATTOS, W. R. S. Cana-de-açúcar na alimentação de bovinos leiteiros. In: SIMPÓSIO SOBRE NUTRIÇÃO DE BOVINOS. Piracicaba, 1993. **Anais..., 5.** Piracicaba, SP: Fealq, 1993. p. 77-106.

LUDOVICO, A. **Avaliação de dietas à base de cana-de-açúcar (*Saccharum officinarum* L.) e diferentes níveis de semente de algodão (*Gossypium hirsutum* L.)**. Piracicaba, 1993, 117p. Tese (Mestrado).

MAZZA, J. A. Estabelecimento e manejo da cultura da cana-de-açúcar. In: SIMPÓSIO SOBRE NUTRIÇÃO DE BOVINOS. Piracicaba, 1993. **Anais..., 5.** Piracicaba, SP: Fealq, 1993. p. 37-76.

NRC. **Nutrient Requirements of Beef Cattle**. Seventh Revised Edition. National Research Council. National Academy Press: Washington, DC, 1996. 242p.

NRC. **Nutrient Requirements of Dairy Cattle.** 6th Revised Edition. National Research Council. Natl. Acad. Sci., Washington, D.C., 1989.

NUSSIO, L. G. **Efeito de níveis de concentrado sobre o desempenho de bovinos e a digestibilidade de dietas à base de bagaço de cana-de--açúcar tratado a pressão e vapor**. Piracicaba, SP, 1993. 137p. Tese (Mestrado) — Escola Superior de Agricultura "Luiz de Queiroz"/USP.

NUSSIO, L. G.; BOIN, C.; SANTOS, F. A. P.; SILVA, S. C.; PENATI, M. A. XXVIII REUNIÃO DA SOCIEDADE BRASILEIRA DE ZOOTECNIA. **Anais...** João Pessoa, PB, 1991, 258p.

NUSSIO, L. G.; SILVA, S. C.; BOIN, C.; SANTOS, F. A. P. XXVII REUNIÃO DA SOCIEDADE BRASILEIRA DE ZOOTECNIA. **Anais...** Campinas, SP, 1990. 227p.

NUSSIO, L. G. Cultura de milho para produção de silagem de alto valor alimentício. In: SIMPÓSIO SOBRE NUTRIÇÃO DE BOVINOS. Piracicaba, 1991. **Anais..., 4.** Piracicaba, SP: Fealq, 1991. p. 59-168.

NUSSIO, L. G. Milho e sorgo para produção de silagem. In: **Volumosos para bovinos.** Piracicaba, SP: Fealq, 1993. p. 75-176.

PACOLA, L. J.; BOIN, C.; MATTOS, J. C. A.; CAIELLI, E. L. Cana-de-açúcar e bagaço de cana na engorda de bovinos. **Boletim da Indústria Animal.** Nova Odessa, 43(1): 1-6, 1986.

PAULINO, V. T.; MARTINS, L. O. O milheto (*Pennisetum americanum* (L) K. Schum.) e o híbrido *P. americanum X P. purpureum*. **Zootecnia.** Nova Odessa, v. 19 (1): 35-62, 1981.

PEDREIRA, J. V. **Crescimento estacional dos capins colonião (*Panicum maximum*), gordura (*Mclinis minutiflora* Paul de Beauv.), jaraguá (*Hyparrhenia rufa)* e pangola de Taiwan A-24 (*Digitaria pentzii*, Stent.)**. Piracicaba, SP, 1972. 117p. Tese (Doutoramento). Esalq/USP.

ROLIM, F. A. Estacionalidade de produção de forrageiras. In: **Pastagens.** Fundamentos da exploração racional. Piracicaba, 1980. 2. ed. Piracicaba, SP: Fealq, 1994. p. 533-566.

SANTOS, F. A. P. **Efeito do bicarbonato de sódio, lasalocida e cana-de--açúcar sobre o desempenho de bovinos alimentados com bagaço de cana tratado sob pressão e vapor**. Piracicaba, 1991. 127p. Tese (Mestrado) — Escola Superior de Agricultura "Luiz de Queiroz"/USP.

SILVA, S. C. **Efeito do bicarbonato de sódio e/ou lasalocida sobre os parâmetros ruminais de bovinos alimentados com bagaço de cana tratado a pressão e vapor**. Piracicaba, SP, 1990. 130p. Tese (Mestrado) — Escola Superior de Agricultura "Luiz de Queiroz"/USP.

SILVA, M. N. da. **A cultura do girassol**. Jaboticabal: Funep, 1990. 67p.

THOMAZ, Y. M.; SNEDDON, D. N.; ROFFLER, R. E.; MURRAY, G. A. Digestibility and Feeding Value of Sunflower Silage for Beef Steers. **J. Animal Sci.**, 54 (5): 933-937. 1982.

TONANI, F. L. **Valor nutritivo das silagens de sorgo (*Sorghum bicolor* L.) em diferentes estádios de maturação dos grãos**. Viçosa, 1995. 56p. Tese (Mestrado).

TOSI, H. Conservação de forragem — Ensilagem. In: SIMPÓSIO SOBRE PECUÁRIA LEITEIRA. **Anais...** Faculdade de Medicina Veterinária e Zootecnia/ USP. São Paulo, 1977. p. 241-265.

VALDEZ, F. R.; HARRISON, J. H.; FRANSEN, S. C. Effect of Feeding Corn--Sunflower Silage on Milk Production, Milk Composition and Rumen Fermentation of Lactating Dairy Cows. **J. Dairy Sci.**, 71: 2462-2469, 1988.

VILELA, D. Utilização do capim-elefante na forma de forragem conservada. In: SIMPÓSIO SOBRE CAPIM-ELEFANTE. Juiz de Fora, 1990. **Anais...** Embrapa-CNPGL, 1990. 196p.

ZAGO, C. P. Cultura de sorgo para produção de silagem de alto valor nutritivo. In: SIMPÓSIO SOBRE NUTRIÇÃO DE BOVINOS. Piracicaba, 1991. **Anais..., 4.** Piracicaba, SP: Fealq, 1991. p. 169-218.

ALEXANDRE VAZ PIRES[1]
JOSÉ RENATO SILVA GONÇALVES[2]

Rações para confinamento de bovinos de corte

1. Introdução

Nas últimas décadas tem-se verificado um aumento significativo no uso de confinamento na engorda de bovinos, principalmente nas regiões Sul e Sudeste do Brasil. Essa prática é adotada visando diminuir a idade de abate dos animais e, consequentemente, o tempo de retorno do capital investido, aumentar a capacidade de suporte das propriedades, terminar animais em épocas de preços mais favoráveis, evitar perda de peso dos animais durante o período de "inverno", entre outros motivos.

Porém, atualmente, devido às menores oscilações entre os preços de safra e entressafra e ao grande número de confinadores, a prática de confinamento de animais deixou de ser uma atividade de especulação e se tornou uma atividade com lucratividade bastante reduzida e grandes riscos de frustração financeira, o que exige cada vez mais conhecimentos e habilidade do produtor para conduzir um confinamento rentável.

---

1. Departamento de Produção Animal, Esalq/USP.
2. Aluno de pós-graduação do Departamento de Produção Animal, Esalq/USP.

O preço dos animais destinados ao confinamento tem de estar dentro de uma faixa que não comprometa a rentabilidade da atividade. Sejam esses animais comprados ou produzidos na própria propriedade, o balanceamento correto de dietas que atendem às exigências dos animais e que utilizam produtos de disponibilidade local e a produção de alimentos volumosos de qualidade e a baixos custos contribuem de forma decisiva para a diminuição dos custos de produção dos animais em confinamento.

2. Cálculo de rações

As rações utilizadas nos confinamentos são balanceadas visando utilizar um grupo de alimentos que forneça os nutrientes necessários para o atendimento de todas as exigências nutricionais dos animais durante um período de 24 horas.

Por isso, o balanceamento de rações exige o conhecimento das exigências nutricionais dos animais e os valores nutritivos dos alimentos, senão o produtor corre o risco de fornecer uma dieta desequilibrada a seus animais, tornando o desempenho animal limitado pelo nutriente de maior restrição. Isso impede que o animal utilize eficientemente os nutrientes que não estão limitados, causando um desperdício destes e um aumento no custo de produção.

2.1. Determinação das exigências nutricionais dos animais

As exigências nutricionais dos animais variam de acordo com a raça (zebuínos, taurinos), categoria (machos inteiros ou castrados, fêmeas prenhes ou vazias), idade, peso, intensidade de ganho desejada, condições climáticas etc.

Para a determinação das exigências dos animais foram necessárias várias décadas de pesquisas com a utilização de experimentos com animais recebendo dietas purificadas e dietas com diferentes níveis de cada nutriente. Esses dados foram utilizados para formar um banco de dados que permitiu a confecção de tabelas especializadas que informam as exigências dos animais, sendo a mais comum em nosso meio o NRC (*national research council*).

2.2. Alimentos utilizados em dietas para bovinos em confinamento

Vários são os alimentos que podem ser utilizados na formulação de dietas para confinamento de bovinos de corte. Eles estão divididos em alimentos volumosos e alimentos concentrados, de acordo com seu teor de fibras, sendo que a participação dos alimentos nas dietas depende basicamente de seu custo e da disponibilidade na região.

Os alimentos volumosos mais utilizados no Brasil são:

- silagem de milho;
- silagem de sorgo;
- silagem de gramíneas tropicais;
- fenos de gramíneas e leguminosas;
- cana-de-açúcar;
- bagaço de cana tratado com pressão e vapor.

Os alimentos concentrados são divididos em dois grupos, de acordo com sua concentração proteica e densidade energética.

- Alimentos proteicos:
  — farelo de soja;
  — torta de algodão;
  — sementes de oleaginosas (algodão, soja etc.);
  — cama de frango;
  — subprodutos de origem animal;
  — levedura;
  — ureia.
- Alimentos energéticos:
  — milho;
  — sorgo;
  — farelo de trigo;
  — farelo de arroz;
  — polpa cítrica seca e peletizada;
  — raspa de mandioca;
  — milheto;
  — melaço.

É interessante lembrar que a classificação de alguns alimentos gera controvérsias, pois eles apresentam características que os enquadram em mais de um grupo, mas o produtor ou técnico interessado em formular dietas para bovinos deve conhecer também o custo relativo dos alimentos, ou seja, o valor da unidade nutricional do alimento, obtido pela divisão do preço do alimento pelo teor de proteína bruta dele (R$/t de PB), ou pela concentração de nutrientes digestíveis totais (R$/t de NDT). Devemos lembrar que, para o cálculo de rações com custos de produção menores, é interessante atender às exigências energéticas com alimentos de baixo custo energético relativo e às de proteína também com alimentos de baixo custo proteico relativo.

Além disso, alguns alimentos podem apresentar restrições quanto ao seu uso, devendo o técnico ou produtor se informar sobre os alimentos de seu interesse antes de sua utilização indiscriminada. Na Tabela 1 são apresentados alguns alimentos normalmente utilizados nas dietas de bovinos confinados, divididos em volumosos, concentrados energéticos e concentrados proteicos. Para exemplo numérico, foram adotados os valores médios para a composição bromatológica e custos.

2.3. Exemplo de bases para o cálculo de rações

- Características do animal utilizado:

Bovino, macho castrado, proveniente do cruzamento entre um macho taurino e uma fêmea zebuína, com 350 kg de peso vivo e ganho de peso vivo esperado de 1,0 kg por dia.

- Exigências nutricionais diárias de acordo com o NRC:
  Consumo de matéria seca (CMS): 8,21 kg ou 2,35% do peso vivo (PV)
  Teor de PB na dieta: 12,15% ou 0,998 kg
  Teor de NDT na dieta: 71,31% ou 5,854 kg

- Alimentos utilizados:
  Cana-de-açúcar
  Milho
  Caroço de algodão

Tabela 1. Valor bromatológico, custo de produção e custos relativos dos alimentos utilizados em dietas para bovinos.

Alimento	R$/t MO	PB	NTD	MS	R$/t MS	R$/t PB	R$/t NDT
Cana-de-açúcar	12,00	3,00	50,00	40,00	1333,33	80,00	
Silagem de ce + 10% pc	10,99	7,28	66,00	25,20	43,60	598,90	66,06
Silagem de c.-elefante	7,20	8,00	60,00	18,00	40,00	500,00	66,67
Silagem de milho	24,75	10,00	67,00	33,00	75,00	750,00	111,94
Milho	98,90	9,00	85,00	86,00	115,00	1277,78	135,29
Milheto	74,80	14,00	75,00	88,00	85,00	607,14	113,33
Polpa cítrica	45,00	6,00	77,00	90,00	50,00	833,33	64,94
Farelo de soja	284,80	45,00	82,00	89,00	320,00	711,11	390,24
Farelo de algodão	153,00	35,00	75,00	90,00	170,00	485,71	226,67
Caroço de algodão	162,00	22,00	98,00	90,00	180,00	818,18	183,67
Ureia	300,00	281,00	0,00	89,00	337,08	106,76	

ce: capim-elefante pc: polpa cítrica seca e peletizada

Ureia
Suplemento mineral e vitamínico

- Proporção dos alimentos:
  Vários métodos podem ser utilizados para o cálculo da proporção de alimentos a serem utilizados para atender às exigências do animal, entre eles:
  Método das tentativas
  Quadrado de Pearson
  Método algébrico
  Programações lineares com a utilização de computadores

A Tabela 2 mostra um exemplo numérico para o cálculo de uma dieta que visa atender às exigências de PB e NDT. A mesma forma demonstrada para esses nutrientes poderia ser utilizada com qualquer outro nutriente.

Tabela 2. Proporção de alimentos em uma dieta hipotética para atender às exigências de proteína bruta (PB) e nutrientes digestíveis totais (NDT).

Alimento	Consumo (% MS)	Consumo (kg MS)	Teor de PB (%)	Consumo PB (kg)	Teor de NDT (%)	Consumo NDT (kg)
Cana	35,00	2,87	3	0,0861	50	1,4350
Milho	51,95	4,27	9	0,3843	85	3,6295
C. algodão	10,10	0,83	22	0,1826	96	0,7968
Ureia	1,50	0,12	281	0,3372	0	0
Min. e vit.	1,50	0,12	0	0	0	0
Total		8,21		0,9902		5,8613
PB (%)	0,9902 kg PB/ 8,21 kg CMS =12,06					
NDT (%)		5,8613 kg NDT/ 8,21 kg CMS =			71,39	

3. Avaliação dos concentrados em dietas para confinamento

As dietas brasileiras normalmente são formuladas para ganhos de 0,800 a 1,300 kg por dia e apresentam um custo diário de R$ 0,50 a R$ 1,00 por cabeça. Esse valor resulta em um custo de engorda entre R$ 12,00 e R$ 25,00/@. As Tabelas 3, 4, 5 e 6 mostram algumas opções de dietas para confinamento, comparando os con-

Tabela 3. Avaliação de diferentes fontes proteicas e energéticas, tendo como volumoso cana-de-açúcar.

Cana	**35,00**	**35,00**	**35,00**	**35,00**	**35,00**
Milho	58,49	57,19	51,95	—	—
Milheto	—	—	—	48.15	—
Polpa cítrica	—	—	—	—	44,66
Farelo de soja	3,51	—	—	—	—
Farelo de algodão	—	4,81	—	—	—
Caroço de algodão	—	—	10,10	15,00	15,00
Ureia	1,50	1,50	1,50	0,35	1,50
Minerais e vitaminas	1,50	1,50	1,50	1,50	1,50
Proteína bruta	12,11	12,10	12,15	12,06	12,06
NDT	70,09	69,72	71,31	68,02	68,04
GPD	1,00	0,98	1,05	0,91	0,92
R$/t da dieta	102,24	97,70	101,59	88,22	77,05
R$/@	24,21	23,49	22,96	22,82	19,91

Tabela 4. Avaliação de diferentes fontes proteicas e energéticas, tendo como volumoso silagem de capim-elefante (ce) + 10% de polpa cítrica seca e peletizada (pc).

Silagem de ce + 10% pc	81,51	94,08	91,67	85,21	39,00
Milho	14,07	–	–	–	–
Milheto	–	–	–	11,79	–
Polpa cítrica	–	–	–	–	52,55
Farelo de soja	1,42	–	–	–	–
Farelo de algodão	–	2,92	–	–	5,45
Caroço de algodão	–	–	5,30	–	–
Ureia	1,50	1,50	1,50	1,50	1,50
Minerais e vitaminas	1,50	1,50	1,50	1,50	1,50
Proteína bruta	12,06	12,09	12,06	12,07	12,11
NDT	66,92	64,28	65,62	65,08	70,29
GPD	0,87	0,74	0,81	0,78	1,00
R$/t da dieta	66,02	55,73	59,31	56,92	62,29
R$/@	17,98	17,50	17,27	17,07	14,64

Tabela 5. Avaliação de diferentes fontes energéticas, tendo como volumoso silagem de capim-elefante.

Silagem de c.-elefante	**35,00**	**35,00**	**35,00**
Milho	62,11	–	–
Milheto	–	63,36	–
Polpa cítrica	–	–	57,39
Farelo de soja	–	–	–
Farelo de algodão	–	–	4,61
Caroço de algodão	–	–	–
Ureia	1,39	0,14	1,50
Minerais e vitaminas	1,50	1,50	1,50
Proteína bruta	12,28	12,07	12,07
NDT	73,80	68,52	68,65
GPD	1,13	0,94	0,94
R$/t da dieta	94,84	73,53	60,28
R$/@	19,66	18,60	15,16

Tabela 6. Avaliação de diferentes fontes energéticas, tendo como volumoso silagem de milho.

Silagem de milho	**35,00**	**35,00**	**35,00**
Milho	62,30	–	35,00
Milheto	–	63,50	–
Polpa cítrica	–	–	57,30
Farelo de soja	–	–	–
Farelo de algodão	–	–	–
Caroço de algodão	–	–	4,70
Ureia	1,20	–	1,50
Minerais e vitaminas	1,50	1,50	1,50
Proteína bruta	12,48	12,39	12,10
NDT	76,40	71,08	72,08
GPD	1,21	1,04	1,08
R$/t da dieta	106,75	85,48	73,11
R$/@	20,46	19,48	16,06

centrados proteicos e energéticos em diferentes volumosos. Todas as dietas foram formuladas para atender às exigências de um animal de cruzamento industrial, macho castrado com 350 kg de peso vivo, de acordo com o NRC (National Research Council), e calculadas para custo mínimo de ganho, com utilização de pelo menos 35% de volumoso para atender às necessidades de fibras dos animais. Os valores bromatológicos e os custos dos alimentos são os mesmos da Tabela 1.

Como pode ser observado nessas tabelas, quando comparamos dietas que proporcionam o mesmo ganho de peso, notamos que as dietas com menores custos por tonelada de matéria seca levam a um menor custo por arroba engordada, daí a existência de programas de formulação de ração que visam às dietas de custo mínimo. Porém, quando comparamos dietas que promovem ganhos de peso diferentes, é possível conseguirmos menores custos por arroba com a utilização de dietas mais caras, desde que apresentem ganho de peso maior. Por exemplo, se tivermos uma dieta com custo de R$ 0,50/animal por dia e um ganho de peso vivo de 0,6 kg por dia, serão necessários 50 dias para engordar uma arroba (50% de rendimento), o que gera um gasto de R$ 25,00/@; ao ser comparada com uma dieta com custo de R$ 0,80/cabeça por dia, porém com um ganho de 1,2 kg por dia, serão necessários apenas 25 dias para engordar uma arroba e o gasto será de R$ 20,00/@.

Os alimentos volumosos, normalmente produzidos na propriedade, devem ser confeccionados de maneira a serem os mais baratos possível e de elevada qualidade nutricional. Isso é possível, pois, como pode ser visto nas tabelas mencionadas, volumosos baratos e de boa qualidade podem ser usados em grandes proporções nas dietas de bovinos em confinamento sem comprometer o ganho de peso dos animais nem a rentabilidade da atividade.

Quando os volumosos são utilizados em pequenas quantidades, um concentrado energético entra em seu lugar, participando dessa forma em elevada proporção, o que faz que a exigência proteica seja suprida quase totalmente pela fonte energética, dispensando o uso de concentrados proteicos.

O uso de subprodutos agroindustriais e grãos de cereais menos nobres, que normalmente possuem custo de aquisição mais baixo, reduz o custo por arroba engordada, desde que apresentem valores nutricionais satisfatórios, pois a maior utilização de alimentos concentrados gera dietas de maior densidade energética que promovem ganhos de peso vivo relativamente altos sem elevar muito os custos por tonelada de matéria seca da dieta.

A utilização de sementes de oleaginosas *in natura,* como o caroço de algodão, pode colaborar para a redução dos custos de produção, pois apresentam custo de aquisição relativamente baixo e elevada densidade energética (devido à alta concentração de ácidos graxos), o que gera um baixo custo relativo por unidade de NDT (nutrientes digestíveis totais). Além disso, ao serem utilizadas também contribuem com a exigência proteica, o que reduz a necessidade de outras fontes de proteínas que são relativamente mais caras.

Cabe também lembrar que a capacidade comercial do produtor e as oscilações do mercado podem ser decisivas para determinar os alimentos e sua proporção na dieta, pois a alteração nos valores de aquisição dos componentes da dieta pode afetar de maneira decisiva o ritmo de engorda a ser imposto nos animais e os custos de produção, como pode ser observado na Figura 1 e na Tabela 7.

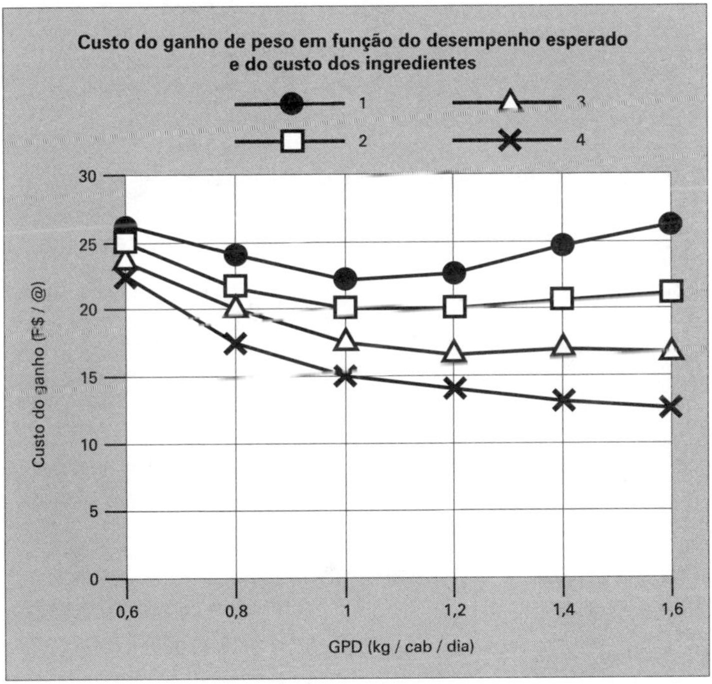

Figura 1.

Tabela 7. Diferentes situações de custos dos alimentos.

	Custo (R$/kg)			
Alimentos	**Situação 1**	**Situação 2**	**Situação 3**	**Situação 4**
Silagem de c.-elefante	0,008	0,008	0,008	0,008
Sorgo moído	0,060	0,075	0,090	0,105
Farelo de soja	0,200	0,230	0,260	0,290
Ureia	0,220	0,260	0,300	0,340
Mistura mineral	0,240	0,240	0,240	0,240

ALEXANDRE VAZ PIRES[1]
JOSÉ RENATO SILVA GONÇALVES[2]
IVANETE SUSIN[1]

Uso de aditivos em dietas de gado de corte

1. Introdução

Nas últimas décadas foram observados aumentos substanciais no campo da nutrição animal, principalmente em relação aos animais destinados à produção de alimentos e derivados para o homem. Em princípio os estudos foram direcionados principalmente para a avaliação das exigências animais, bem como para os valores nutritivos dos alimentos, com vistas a um balanceamento adequado das dietas, possibilitando total atendimento das exigências animais de acordo com sua categoria e produção.

Posteriormente verificou-se uma mudança no sentido das pesquisas, dando maior ênfase aos processos químicos e fisiológicos envolvidos na digestão, absorção e utilização dos nutrientes das dietas pelos animais, bem como seu comportamento na presença de diferentes fatores. Tais estudos estão levando à descoberta de compostos que controlam o metabolismo, aumentando a eficiência de utilização de alimentos, proporcionando maior produção animal.

---

1. Professor do Departamento de Produção Animal, Esalq/USP.
2. Aluno de pós-graduação do Departamento de Produção Animal, Esalq/USP.

Esses compostos foram classificados como aditivos, e de acordo com seu modo de ação podem ser divididos em duas grandes classes. Uma age melhorando a qualidade ou aumentando a quantidade de nutrientes disponíveis para absorção pelo trato gastrintestinal, como os inóforos (monensina, lasalocida), glicopeptídeos (avoparcina, teicomicina), tamponantes (bicarbonato de sódio) e isoácidos. A outra classe aumenta a eficiência com que os nutrientes absorvidos são utilizados para fins produtivos, como é o caso dos hormônios (hormônio do crescimento, dietilestibestrol), beta-agonistas (clenbuterol, cimaterol) e agentes anabólicos como o zeranol (Cook, 1885).

Os aditivos apresentam capacidade de aumentar significativamente o desempenho de ruminantes, tendo sido observado um aumento de 18% na produção de carne nos Estados Unidos em função da utilização de hormônios, promotores de crescimento e antibióticos (Rumsey, 1983).

Porém, é importante lembrar que, para maximizar o lucro e reduzir o tempo de retorno do capital na bovinocultura de corte, é necessário que, antes do uso de técnicas e compostos químicos modernos destinados ao aumento de produção de carne, a propriedade e o produtor estejam preparados para sua adoção. Entre as melhorias que devem ser efetuadas, podemos citar a produção de forragem de boa qualidade, produção adequada de volumoso para a época de estacionalidade da forrageira, balanceamento correto de dietas, suplementação em épocas críticas, acompanhamento e uso adequado de medidas sanitárias, manejo de rebanho e, principalmente, acompanhamento econômico do processo de produção.

Além disso, existem restrições para o uso da maioria dos aditivos, como necessidade de períodos de carência em alguns, proibição de uso para animais em reprodução em outros, e até mesmo proibição do uso de alguns aditivos em determinados países, com a finalidade de evitar resíduos nos alimentos utilizados pelo homem e contaminação ambiental.

2. Ionóforos

Os ionóforos são um grupo de aditivos classificados como antibióticos, pois são produzidos por microorganismos, mas apresentam propriedades diferenciadas, sendo utilizados inicialmente como coccidiostáticos em rações de aves.

Inicialmente (década de 50) os antibióticos convencionais eram utilizados na nutrição animal, visando à melhoria da taxa de crescimento e prevenção de doenças (Cullison e Lowrey, 1987). Entretanto, foram relatados efeitos negativos provenientes do uso desses produtos, já que as subdosagens poderiam induzir à seleção de populações de bactérias resistentes aos antibióticos, o que poderia interferir no tratamento de humanos. Dessa forma, em 30 de agosto de 1977, o FDA (Food and Drug Administration) propôs que a utilização de antibióticos na nutrição animal deveria ser proibida. Após essa data, apenas os antibióticos classificados como ionóforos continuaram liberados para utilização em dietas animais.

Os ionóforos são moléculas que apresentam sua estrutura com uma camada externa hidrofóbica e uma camada interna hidrofílica (Russel e Strobel, 1989). Essas moléculas possuem ainda átomos de oxigênio espaçados estrategicamente em anéis ou cavidades que possuem capacidade de interagir estequiometricamente com íons metálicos (Chalupa, 1980), servindo assim como transportadores desses íons através da membrana celular (Bergen e Bates, 1984). O oxigênio dos ionóforos pode estar ligado a diferentes grupos funcionais, como éter, álcool, carboxila ou amida. A seletividade de alguns ionóforos por determinados íons pode ser vista na Tabela 1. Os ionóforos são produzidos por várias linhagens de Streptomices, e entre esses compostos incluem-se: monensina, lasalocida, salinomicina, narasina, entre outros (Bergen e Bates, 1984).

Os efeitos da utilização de ionóforos em ruminantes devem-se às alterações da população microbiana do rúmen. Essas alterações proporcionam modificações nos padrões de fermentação dos alimentos,

Tabela 1. Seletividade de alguns ionóforos.

Ionóforo	Sequência de seletividade
Valinomicina	Rb > K > Cs > Ag > Ti >> NH_4 > Na > LI
Monensina	Na >> K > Rb > Li > Cs
Nigericina	K > Rb > Na > Cs >> Li
Lasalocida	Cs > Rb = K > Na > Li > Ba > Sr > Ca > Mg

alterando a proporção dos ácidos graxos voláteis e causando redução das perdas via metano e melhor aproveitamento da proteína da dieta, o que origina produtos que são utilizados com maior eficiência ou alteram o perfil hormonal dos animais, direcionando os nutrientes para fins produtivos (Russell e Strobel, 1989).

Devido à característica anaeróbia do rúmen, os microrganismos presentes nesse compartimento utilizam a fermentação dos substratos como fonte de obtenção de energia para a manutenção de seus processos biológicos (Hungate, 1966). Grande parte dessa energia é utilizada na manutenção das condições de homeostase das concentrações de Na^+ e H^+. Esse quadro é característico das bactérias gram-positivas (principais bactérias celulolíticas) (Bergen e Bates, 1984).

Algumas bactérias, no entanto, possuem citocromos (Prins, 1977) e são produtoras de succinato e propionato. Essas bactérias, classificadas como gram-negativas, são capazes de transportar elétrons de um doador a um receptor através de uma cadeia de elétrons (Hobson e Summers, 1972).

Os ionóforos são capazes de alterar o transporte de cátions através das membranas dos microrganismos, possibilitando o transporte de Na^+ para fora da célula e, ao mesmo tempo, o de H^+ para o seu interior (Harold, 1972).

Com a utilização de ionóforos, a eficiência do uso de ATP pelas bactérias gram-positivas é severamente afetado. Já as gram-negativas não são afetadas, pois realizam fosforilação oxidativa, conseguindo produzir mais ATP por mol de substrato. Este é utilizado para corrigir as concentrações de cátions provocadas pelo uso dos ionóforos, fazendo que as bactérias gram-negativas sobrevivam no meio (Bergen e Bates, 1984). Além disso, as bactérias gram-negativas possuem uma camada de peptidoglicanas em sua membrana celular que as protege com maior eficiência (Kadner e Bassford, 1978).

De modo geral, bactérias celulolíticas e lácticas, que são produtoras primárias de acetato, butirato, H_2, formato e lactato, são mais sensíveis ao uso dos ionóforos (por serem gram-positivas), enquanto as bactérias produtoras de succinato e propionato são mais resistentes. Já as bactérias metanogênicas não são diretamente inibidas, mas, como ocorre um desvio do H_2 metabólico para a produção de propionato, o uso de ionóforos reduz a disponibilidade de substrato para a produção de metano, tornando a fermentação ruminal mais eficiente.

Em animais alimentados com dietas ricas em carboidratos rapidamente fermentáveis no rúmen, o uso de ionóforos geralmente deprime o consumo, porém o ganho de peso não é alterado, o que melhora a conversão alimentar. Já em animais alimentados com dietas ricas em forragens, o uso de ionóforos não reduz o consumo e promove aumentos no ganho de peso, o que também melhora a conversão alimentar (Bergen e Bates, 1984).

Em revisão do assunto, Bergen e Bates (1984) verificaram que a melhoria na eficiência de produção dos bovinos em crescimento e acabamento devia-se a três modificações básicas no metabolismo dos animais: aumento da eficiência do metabolismo energético no rúmen e/ou animal; melhora do metabolismo de nitrogênio no rúmen e/ou animal (Tabela 2); diminuição da incidência de desordens metabólicas, especialmente cetoses (Tabela 3), acidoses lácticas (controle de bactérias produtoras de ácido láctico) e timpanismo (aumento da viscosidade do fluido ruminal).

Tabela 2. Efeito da monensina na fração nitrogênio no metabolismo de ruminantes.

	Nível de monensina (mg/kg)		
mg/100 mL de sangue	0	1	4
N total	46,6	46,6	46,6
N amoniacal	31,0	30,6	25,4
N microbiano	12,6	10,0	10,5
N não amoniacal	2,9	6,0	10,6

Fonte: Adaptado de Whetstone et al. (1981).

Tabela 3. Glicose sanguínea e corpos cetônicos em vacas leiteiras em início de lactação.

(mg/100 mL)	Controle	15 ppm monensina	30 ppm monensina
Glicose	46,1	44,8	48,4
ß — OH — butirato	7,2	5,7	3,9
Acetoacetato	0,9	0,7	0,3

Fonte: Adaptado de Sauer et al. (1989).

A observação mais consistente na utilização de ionóforos na alimentação de ruminantes é o aumento na proporção de ácido propiônico acompanhado de um declínio na proporção molar de acetato e butirato (Tabela 4). Além disso, com a alteração da proporção de AGV é observado um declínio na produção de metano, sem que ocorra acúmulo de hidrogênio no meio. Dessa forma, é de esperar um aumento na eficiência de utilização da energia contida no alimento, o que permite um maior aporte de nutrientes a serem utilizados no metabolismo do ruminante (Chalupa, 1980).

Tabela 4. Concentração de ácidos graxos voláteis conforme níveis de fibra e proteína.

	Nível de fibra				Nível de proteína (%)			
	Baixo		Alto		9		13	
AGV	C	M	C	M	C	M	C	M
Acetato	74,3	66,3	75,9	67,0	68,2	66,6	69,6	69,4
Propionato	14,5	20,1	12,8	21,2	23,7	27,0	23,6	24,9
Butirato	6,2	6,5	6,0	5,2	8,1	6,4	6,8	5,7
Total	157,2	108,5	132,1	175,8	48,9	47,9	48,5	41,2

M: monensina. C: controle.
Fonte: Adaptado de Thornton e Owens (1981); Perry et al. (1983).

O uso de ionóforos ainda permite um melhor aproveitamento da proteína dietética, pois uma considerável fração da proteína consumida é fermentada a AGV e amônia. Mas como a produção de amônia é maior que a capacidade de utilização do ruminante, boa parte dessa amônia é convertida em ureia pelo fígado e excretada pela urina (Russell e Strobel, 1989). Resultados obtidos com o uso de ionóforos têm mostrado que eles atuam reduzindo a produção de amônia ruminal e, consequentemente, reduzindo as perdas pela urina, o que aumenta a quantidade de proteína da dieta (Chalupa, 1980; Bergen e Bates, 1984).

Estudos do efeito da adição de monensina e lasalocida sobre a fermentação *in vitro* de substratos ricos em grãos e volumosos, em que diferentes níveis dos ionóforos foram utilizados e comparados com um processo fermentativo testemunha, verificaram que em ambas as dietas a produção de metano foi diminuída, os padrões de ácidos graxos voláteis individuais foram modificados sem ocorrer alterações na produção de AGV total, diminuição da produção de ácido butírico, enquanto a de ácido propiônico aumentou apenas para as dietas ricas em grãos, diminuição da produção de N-NH_3 (Tabela 5). Sendo o efeito geral dos dois ionóforos semelhante, as quantidades necessárias de lasalocida foram maiores para se obter o mesmo efeito da monensina sobre a fermentação *in vitro*.

Os ionóforos também podem ser classificados de acordo com seu modo de ação:

Ionóforos neutros, presentes na membrana em sua forma original, difundem-se para uma interface em que encontra um íon complexável. Quando o íon está em posição crítica para interagir com o ionóforo, sua água solvente é retirada e substituída pelos átomos de oxigênio ligantes do ionóforo, formando-se assim um complexo estável íon-ionóforo que se difunde da interface para o interior da membrana, onde o processo inverso ocorre. Dessa forma, a concentração de íons nos dois lados da membrana se altera, causando um diferencial de gradiente, o que faz que ocorram reações para que o equilíbrio volte a se estabelecer (Pressman, 1976).

Ionóforos carboxílicos são capazes de transportar prótons em sua forma carboxílica protonada. O ionóforo protonado na membrana se difunde para a interface da membrana, onde libera o próton, ficando aprisionado à interface polar devido à crescente polaridade da forma aniônica. A forma aniônica do ionóforo, ao interagir com um cátion, retira sua água solvente e o torna complexo. O complexo passa para a interface oposta e libera esse cátion, que novamente se liga a uma água solvente (Pressman, 1976). O modo de transporte dos ionóforos podem ser observados na Figura 1.

Tabela 5. Efeito da monensina sobre o desempenho de bovinos com diferentes dietas.

Dieta	Nº de ensaios	Desempenho (% do controle)		
		Consumo	Ganho de peso	Conversão alimentar
Confinamento	19	94	102	92
Pastagem	12	—	117	—
Forragem verde picada	3	98	123	85

Fonte: Chalupa (1977).

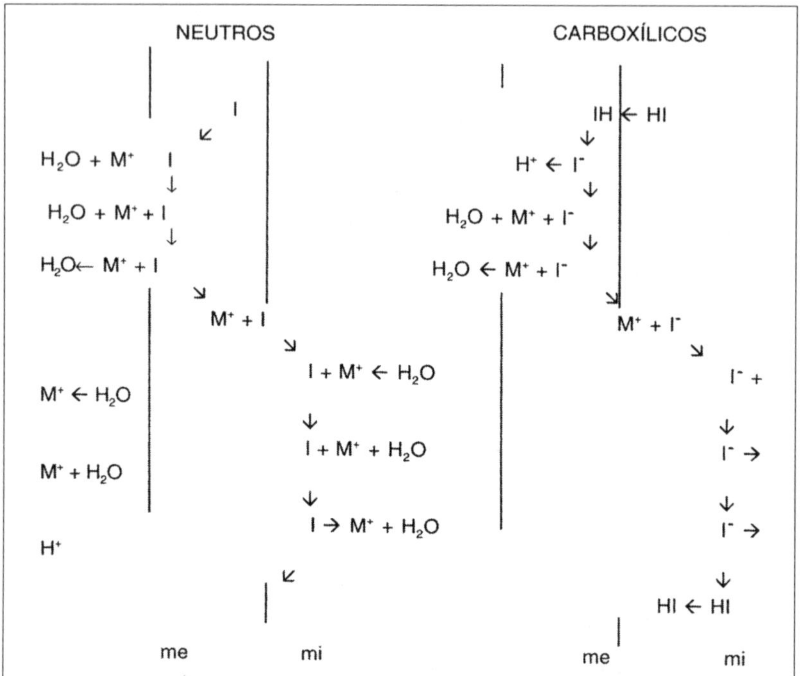

I: ionóforo; M: íon metálico; me: membrana externa; mi: membrana interna.

Figura 1. Modo de transporte dos ionóforos.

A ação dos diferentes ionóforos no desempenho animal parece ser a mesma, conforme mostrado nas Tabelas 6 e 7, em um resumo do efeito dos ionóforos sobre o desempenho de bovinos alimentados com dietas ricas em grãos.

Analisando 228 ensaios que envolveram 11.274 bovinos com dietas ricas em grãos, Goodrich et al. (1984) concluíram que a monensina aumentou 1,6% o ganho de peso e reduziu o consumo em 6,4%, melhorando em 7,5% a conversão alimentar, sendo que um resumo pode ser observado na Tabela 8. Já o efeito do uso de monensina em bovinos sob pastejo é mostrado na Tabela 9.

Spears e Harvey (1987) e Delfino et al. (1988), utilizando dietas com 85% a 90% de concentrado na matéria seca, verificaram efei-

Tabela 6. Efeito dos diferentes ionóforos sobre o desempenho de bovinos.

	Ganho de peso	Conversão alimentar
Ionóforo	**% do controle**	
Monensina	99-110	88-95
Lasalocida	99-107	90-96
Narasina	87-100	84-90
Salinomicina	102-106	93

Fonte: Bergen e Bates (1984).

Tabela 7. Efeito de uso de monensina e lasalocida sobre o desempenho de bovinos confinados.

	% do controle			
	Lasalocida (ppm)			Monensina (ppm)
Medidas	11	22	33	33
Consumo	98	97	95	102
Ganho	104	106	105	108
Conversão	96	91	91	94

Fonte: Chalupa (1980).

Tabela 8. Efeito do uso de monensina no desempenho de bovinos confinados com dietas ricas em grãos.

Medidas	Controle	Monensina	Alteração (%)
Nº de cabeças	5.695	5.578	
Peso vivo inicial (kg)	284	283	
Peso vivo final (kg)	430	432	
EM da dieta (Mcal/kg de MS)	2,98	2,98	
Monensina (mg/cab/dia)	—	246	
Ganho de peso (kg/dia)	1,09	1,1	+1,6
Consumo (kg de MS/dia)	8,27	7,73	–6,4
kg de MS/kg de ganho de PV	8,09	7,43	–7,5

Fonte: Goodrich et al. (1984).

Tabela 9. Desempenho de bovinos sob pastejo recebendo monensina na dieta.

Medidas	Controle	Monensina	Alteração (%)
Nº de cabeças	456	458	
Peso inicial (kg)	242,9	242,7	
Monensina (mg/dia)	—	154,5	
Ganho de peso (kg de PV/dia)	0,609	0,691	13,5

Fonte: Goodrich et al. (1984).

to positivo da lasalocida sobre a conversão alimentar de novilhos e afirmaram que ela apresenta as seguintes vantagens em relação à monensina: é mais palatável; é menos tóxica; apresenta pequena ou nenhuma queda de ingestão em dietas ricas em energia; confere maior ganho de peso em dietas ricas em energia. A Tabela 10 mostra um sumário de quinze experimentos conduzidos com lasalocida.

Tabela 10. Efeito da lasalocida sobre o desempenho de gado confinado com dietas de alta energia.

	Lasalocida (g/tonelada)			
	0	10	20	30
Média de ganho de peso/dia (kg)	1,21	1,22	1,25	1,28
Média de consumo de ração/dia (kg)	10,11	9,95	9,88	9,89
kg de ração/kg de ganho	8,62	8,23	8,20	7,92

Fonte: Spears (1990b).

Thonney et al. (1981), trabalhando com dietas à base de cubos de alfafa, e Spears e Harvey (1984), trabalhando com bovinos em regime de pasto, verificaram maior ganho de peso nos animais que recebiam lasalocida.

Santos (1991), trabalhando com bezerros Nelore alimentados com 50% a 60% da matéria seca na forma de bagaço de cana tratado sob pressão e vapor, verificou que a adição de lasalocida prejudica o desempenho de bovinos não adaptados, porém nos animais adaptados promove melhor utilização dos alimentos. Esse fator pode comprometer o fornecimento de ionóforo junto com o suplemento mineral de bovinos em pastejo, devido ao consumo inconstante.

Silva (1990), trabalhando com bezerros Nelore alimentados com dieta contendo 60% de bagaço de cana tratado com pressão e vapor na matéria seca, concluiu que a adição de lasalocida não afetou o consumo de matéria seca; o pH ruminal apresentou-se sempre superior a 6,0, não ocorrendo efeito significativo devido à adição de lasalocida, e sua utilização tendeu a aumentar a proporção molar de ácido propiônico.

3. Tamponantes

A fermentação microbiana, realizada no trato gastrintestinal dos ruminantes, é de elevada importância para o suprimento das exigências nutricionais desses animais. Dessa forma, a manutenção das condições ideais para maximizar a fermentação é de elevada importância. Vários fatores afetam a fermentação ruminal; entre eles, as oscilações do pH ruminal se destaca como um dos fatores que mais interferem na fermentação.

De posse desses conhecimentos, o estudo de substâncias que apresentem a capacidade de manter o pH ruminal estável despertou o interesse dos pesquisadores. Essas substâncias foram denominadas agentes tamponantes, sendo que um agente tamponante verdadeiro é um sal de ácido fraco ou um óxido ou hidróxido, que tem como função neutralizar os ácidos presentes no alimento ou os ácidos produzidos durante a digestão e o metabolismo dos nutrientes (Staples e Lough, 1989). Armentano e Solorzano (1988) definiram tamponantes como a mistura de ácidos fracos (ou bases) e suas bases conjugadas (ou ácidos). Assim, um agente tamponante verdadeiro deve evitar a queda do pH do meio sem causar sua elevação, pois compostos que neutralizam ácidos, mas também elevam o pH, não são agentes tamponantes verdadeiros, e sim agentes alcalinizantes (Staples e Lough, 1989; Armentano e Solorzano, 1988).

Os tamponantes são classificados de acordo com seu pKa, que é o pH no qual metade do grupo ionizável do tamponante está desprotonizada. A capacidade tamponante de uma solução é definida pelo número de equivalentes de ácidos ou bases adicionados dividido pela variação ocorrida nos valores de pH do meio. O poder tamponante é aumentado pela elevação na concentração do tamponante e também será mais alto quando o pH do meio for igual a seu pKa. Os tamponantes oferecem resistência a mudanças de pH dentro de mais ou menos uma unidade de pH de seu pKa (Staples e Lough, 1989; Armentano e Solorzano, 1988).

Wheeler (1980), em um trabalho de revisão do assunto, cita que Forbes (1909) foi provavelmente o primeiro nutricionista a reconhecer a importância da adição de tamponantes em determinadas dietas de bovinos e ovinos, porém esse conceito permaneceu sem muita importância até o início da década de 50 (Wheeler, 1980).

Devido ao aumento da demanda de alimentos para a população mundial, associado ao aumento do conhecimento científico na área da nutrição animal e seleção de animais com elevado potencial produtivo, a utilização de componentes alimentares com alta densidade energética tornou-se comum nas propriedades, visando aumentar a eficiência dos fatores produtivos. Altas quantidades de grãos de cereais passaram então a ser utilizadas com maior frequência na composição das dietas, chegando em alguns casos a atingir proporções de 80% a 90% da matéria seca da dieta na forma de alimentos concentrados. Porém, ao se efetuar essa substituição ocorre uma redução nos níveis de fibra das dietas, já que elas se encontram em maior proporção nos alimentos volumosos (que normalmente apresentam baixa densidade energética).

As fibras, por sua vez, são as principais responsáveis pela manutenção dos processos de mastigação e ruminação, os quais estimulam as glândulas salivares a produzirem saliva, que é o veículo dos agentes tamponantes naturais dos ruminantes. Por isso o uso de tamponantes tem sido incentivado em dietas de animais em acabamento, em que os níveis de concentrado são elevados (Wheeler et al., 1981). Com a utilização de substratos altamente fermentescíveis (concentrados) ocorre maior produção de ácidos graxos voláteis, levando a uma queda de pH, que é agravada pela menor capacidade tamponante do meio (redução na produção de saliva). Essa queda de pH pode levar a uma dificuldade na absorção de acetato, que é um dos ácidos graxos voláteis mais fortes, podendo agravar ainda mais o problema (Staples e Lough, 1989). Além disso, a queda no pH ruminal para valores abaixo de 5,5 promove uma redução no crescimento das bactérias celulolíticas e um aumento das bactérias lácticas, fazendo que menos que 20% da digestão de fibra detergente neutro fosse obtida (Armentano e Solorzano, 1988).

Vários compostos têm sido avaliados por sua capacidade tamponante, dos quais somente cinco provaram ser efetivos no fluido ruminal: bicarbonato de sódio, bicarbonato de potássio, carbonato de magnésio, carbonato de cálcio e bentonina.

Porém, existem trabalhos em que 2% de bicarbonato de sódio em dietas contendo 65% de concentrado e 35% de silagem de milho a inclusão de tamponantes não apresentou efeito no pH do fluido ruminal (Haaland e Tyrrell, 1982). DePeters et al. (1984), avaliando o uso de bicarbonato de sódio com vacas alimentadas com 40% de feno de alfafa, não observaram resposta ao uso de bicarbonato até o nível de 1,2% da matéria seca. Com a utilização de bicarbonato até o nível de 1% em dietas contendo 50% a 60% de bagaço de cana tratado com pressão e vapor, não foi verificado efeito significativo no consumo de matéria seca, ganho de peso vivo, conversão alimentar e pH ruminal (Nussio et al., 1990; Silva, 1990; Silva et al., 1991).

Porém, estudando o efeito de bicarbonato de sódio em dietas de novilhas que recebiam ração com 90% de concentrado, Roby et al. (1987) verificaram que a inclusão de 2% de bicarbonato de sódio foi capaz de neutralizar os efeitos deletérios desse tipo de dieta. Rogers e Davis (1982), usando dietas com 50% de concentrado e 50% de silagem de milho, observaram que a adição de 5% de bicarbonato de sódio na dieta aumentou o consumo e pH ruminal.

Hall e Thomas (1984), usando dietas com 80% de concentrado, observaram que a adição de bicarbonato de sódio *in vitro* aumentou o pH, assim como a digestão de amido e a produção de ácidos graxos voláteis total, mas não alterou as proporções molares dos ácidos graxos voláteis. Quando utilizado em dietas contendo 50% de concentrado, o bicarbonato de sódio aumentou a digestão do amido e da celulose, assim como a concentração de ácidos graxos voláteis total e a concentração molar de acetato.

Lanna et al. (1990), avaliando o efeito do uso de bicarbonato em substituição ao feno de gramíneas como fonte de fibra longa para ração de ruminantes, balanceadas com altas proporções de bagaço hidrolisado, concluíram que o uso de bicarbonato de sódio aumentou o ganho de peso e mostrou tendência a melhorar a conversão alimentar de bovinos machos Nelore castrados em crescimento. Além disso, a associação de bicarbonato de sódio com lasalocida sódica mostrou resultados positivos em anular o efeito depressivo da lasalocida sobre o consumo, o ganho de peso e a conversão alimentar de animais não adaptados ao ionóforo. A partir da adaptação, o uso de bicarbonato apresenta tendência a melhorar o desempenho animal (Santos, 1991). Silva (1990) também verificou efeito associativo positivo entre lasalocida e bicarbonato de sódio, promovendo aumento da proporção molar de ácido propiônico e redução da produção estimada de gases metano e carbono. A eficiência do processo fermentativo foi aumentada pelo uso em conjunto do agente tamponante e do ionóforo, devido ao aumento na retenção de carbono e diminuição na produção de gases.

Referências bibliográficas

ARMENTANO, L. E.; SOLORZANO, L. C. **Choice of buffers should depend on diet, enviroment**. Feedstuffs, January, 18, 60 (3): 19 e 63, 1988.

BERGEN, G. W.; BATES, D. B. Ionophores: their effect on production efficiency and mode of action. **J. Animal Sci.**, 58 (6): 1.465-1.483, 1984.

CHALUPA, W. Manipulating rumen fermentation, **J. Animal Sci.**, 46(3): 588, 1977.

CHALUPA, W. Chemical control of rumen microbial metabolism. In: RUCKEBUSH & THIVEND (eds.). **Digestive Phisyology and Metabolims in Ruminants**, AVI Publishing CO., West Port, CT, 325-347, 1980.

COOK, R. M. Isoacids, a new additive for dairy cows. In: FOERR, J. A. (ed.). **Proceedings of the 1985 Maryland Nutrition Conference for Feed Manufactures**, 41-49, 1985.

DELFINO, J.; MATHISON, G. W.; SMITH, M. W. Effect of lasalocid on feedlot performance and energy partitioning in cattle. **J. Animal Sci.**, 66 (1): 136-150, 1988.

De PETERS, E. J.; FREDEEN, A. H.; BATH, D. L.; SMITH, N. E. Effect of sodium bicarbonate addition to alfalfa hay — based diets on digestibility on dietary fractions and rumen characteristics. **J. Dairy Sci.**, 67 (10): 2.344-2.355, 1984.

FULLER, J. R.; JOHNSON, D. E. Momemsin and lasalocid effects on fermentation *in vitro*. **J. Animal Sci.**, 53 (6): 1.574-1.580, 1981.

GOODRICH, R. D.; GARRETT, J. E.; GAST, D. R.; KIRICK, M. A.; LARSOR, D. A.; MEISKE, J. C. Influence of momensin on the performance of cattle, **J. Animal Sci.**, 58 (6): 1.484-1.498, 1984.

HAALAND, G. L.; TYRRELL, H. F. Effects of limestone and sodium bicarbonate buffers on rumen measurements and rate of passage in cattle. **J. Animal Sci.**, 55 (4): 935-942, 1982.

HALL, M. W.; THOMAS, E. E. Effect of selected dietary buffers upon utilization of concentrate or roughage — based cattle diets: Laboratory studies. **J. Animal Sci.**, 59 (1): 227-236, 1984.

HAROLD, F. M. Conservation and transformation of energy. **Bacteriol Rev.**, 36: 172, 1972.

HOBSON, P. N.; SUMMERS, R. The continuous culture of anaerobic bacteria. **J. Gen. Microbiol.**, 47: 53, 1972.

HUNGATE, R. E. **The rumen and its microbes**. New York: Academic Press, 1966.

LANNA, D. P. D.; BOIN, C. Efeito de bicarbonato de sódio, feno e bagaço *in natura* sobre a digestibilidade e o desempenho de zebuínos em crescimento alimentados com bagaço de cana auto-hidrolizado. In: **Anais da Escola Superior de Agricultura "Luiz de Queiroz"**. Piracicaba 47 (2): 417-434, 1990.

NUSSIO, L. G.; SILVA, S. C.; BOIN, C.; SANTOS, F. A. P. Avaliação do uso de bicarbonato de sódio em dietas com bagaço de cana auto-hidrolizado no desempenho de bovinos confinados. In: REUNIÃO ANUAL DA SOCIEDADE BRASILEIRA DE ZOOTECNIA, 27º, Campinas, 1990. **Anais...**, p. 18.

PRESSMAN, B. C. Biological application of ionophores. **Ann. Rev. Biochem.**, 45: 405, 1976.

PRINS, R. A. Biochemical activities of gest microorganisms. In: CLARCK, R. T. J.; BAUDROP, T. (eds.). **Microbial Ecology of the Gut**. Nova York: Academic Press, 1977. p. 73.

ROBY, K. A. W.; CHALUPA, W.; ORSINI, J. A.; ELSER, A. H.; KRONFELD, D. S. Acid — base and eletrolute balance in dairy heifers fed forage and concentrate rations: Effects of sodium bicarbonate. **Am. J. Vet. Res.**, 48 (6): 1.012-1.016, 1987.

ROGERS, J. A.; DAVIS, C. L. Rumen volatile fatty acid production and nutrient utilization in steers fed a diet supplemented with sodium bicarbonate and momensin. **J. Animal Sci.**, 65 (6): 944-952, 1982.

RUMSEY, T. S. Experimental aproaches to studying metabolic fatef xenobiotics in food animals. **J. Animal Sci.**, 56: 222, 1983.

RUSSELL, J. B.; STROBEL, H. J. Effect of ionophores on ruminal fermentation. **Applied and Environmental Microbiology**, 55(1): 1-6, 1989.

SANTOS, F. A. P. **Efeito do bicarbonato de sódio, lasalocida e cana-de-açúcar sobre o desempenho de bovinos alimentados com bagaço de cana tratado sob pressão de vapor**. Piracicaba, SP, 1991, 127p. Dissertação (mestrado) — Escola Superior de Agricultura "Luiz de Queiroz"/USP.

SAUER, F. D.; KRAMER, J. K. G.; CANTEWELL, W. J. Antiketogenic effects of momensin onearly lactation. **J. Dairy Sci.**, 72: 436, 1989.

SILVA, S. C. **Efeito do bicarbonato de sódio e/ou lasalocida sobre os parâmetros ruminais de bovinos alimentados com bagaço de cana tratado com pressão de de vapor**. Piracicaba, SP, 1990, 130p. Dissertação (mestrado) — Escola Superior de Agricultura "Luiz de Queiroz/USP.

SILVA, S. C.; BOIN, C.; FARIA, V. P.; SANTOS, F. A. P.; NUSSIO, L. G. Efeito de bicarbonato de sódio e/ou lasalocida em dietas de bagaço de cana tratado com pressão de vapor nos parâmetros ruminais de bovinos. In: REUNIÃO ANUAL DA SOCIEDADE BRASILEIRA DE ZOOTECNIA, 28º, João Pessoa, 1991. **Anais...**, p. 256.

SPEARS, J. W.; HARVEY, R. W. Performance ruminal and serum characteristics of steers fed lasalocid on pasture. **J. Animal Sci.**, 58(2): 460-464, 1984.

SPEARS, J. W.; HARVEY, R. W. Lasalocid and dietary sodium and potassium effects on mineral metabolism ruminal volatile fatty acids and performance of finishing steers. **J. Animal Sci.**, 65: 830, 1987.

SPEARS, J. W. Modificadores de fermentação ruminal. In: SIMPÓSIO DO COLÉGIO BRASILEIRO DE NUTRIÇÃO ANIMAL, 3º, Campinas, 1990b. **Anais...**, p. 165-179.

STAPLES, C. R.; LOUGH, D. S. Efficacy of suplemental dietary neutralizing agents for lactating dairy cows. A review. **Animal Feed Sci. and Technology**, 23: 227-303, 1989.

THONNEY, M. L.; HEIDE, E. K.; DUHAIME, D. J.; HAND, R. J.; PERIOSO, D. J. Growth, feed affiniency and metabolite concentrations of cattle fed high forage diets hith lasalocid or momensin supplements. **J. Animal Sci.**, 52: 920; 427-433, 1981.

THRONTON, J. H.; OWENS, F. N. Momensin supplementation and *in vivo* methane production by steers. **J. Animal Sci.**, 52 (3): 628, 1981.

WHEELER, W. E. Gastrointestinal tract pH environment and the influence of buffering materials on the performance of ruminants. **J. Animal Sci.**, 51 (1): 224-235, 1980.

WHEELER, W. E.; NOLLER, C. H.; WHITE, J. L. Effect of level of calcium and sodium bicarbonate in high concentrate diets on performance on nutrient utilization by beef steers. **J. Animal Sci.**, 53 (2): 499-515, 1981.

WHETSTONE, H. D.; DAVIS, C. L.; BRYANT, M. P. Effect of momensin on brakdown of protein by ruminal microorganisms *in vitro*. **J. Animal Sci.**, 53(3): 803, 1981.

Alexandre Vaz Pires[1]
A. Carla M. S. Pedreira[2]

Anabolizantes

1. Introdução

O uso de anabolizantes em bovinos para a produção de carne foi intensamente utilizado nos últimos trinta anos, principalmente pelo fato de esses produtos aumentarem a eficiência alimentar, melhorarem a conversão alimentar e o ganho de peso (Tabelas 1 e 2) e manterem a composição da carcaça (Tabela 3) e a qualidade da carne (Griffin e Mader, 1997; Lima et al., 1998; Patterson e Salter, 1985). Entretanto, o seu uso é amplamente discutido nos Estados Unidos, onde eles são liberados, enquanto a Comunidade Europeia desaprova o uso de anabolizantes para a produção de carnes, por temer efeitos nocivos à saúde humana.

No Brasil, seu emprego ocorreu principalmente nas décadas de 70 e 80, entretanto a proibição do uso de qualquer tipo de agente hormonal, fornecido para crescimento e/ou engorda de bovinos, somente ocorreu em 1986 (Nascimento, 1997).

---

1. Professor doutor, Departamento de Produção Animal – Esalq/USP, Piracicaba, SP.
2. Aluna de pós-graduação (doutorado), Departamento de Produção Animal, Esalq/USP, Piracicaba, SP (Bolsista Fapesp).

Tabela 1. Efeito de um implante de zeranol (36 mg) no desempenho de novilhos confinados.

Características	Não implantado	Implantado
Número de animais	20	20
Peso inicial (kg)	357	359
Peso final (kg)	435	445
Ganho diário (kg)	1,1	1,2
Consumo de MS (kg/dia)	10,5	10,6
Consumo de MS/100 kg de PV	2,6	2,6
Conversão (kg MS/kg GPV)	9,6	8,7

Fonte: Lima et al. (1998).

Tabela 2. Implante de "Ralgro" em novilhos de sobreano sob pastejo.

		Ganho médio/cabeça (kg)		
	Período (dias)	**0 mg**	**Ralgro (36 mg)**	**Diferença**
1971	120	71	80	9
1972	131	67	77	10
Média	125,5	69	78,5	9,5
% aumento				13,8
Universidade do Missouri, experimentos com 26 rebanhos de 2.077 animais em 1971 e 17 rebanhos com 991 animais em 1972.				

Fonte: Sewell (1993).

Tabela 3. Sumário de quatro experimentos sobre as características da carcaça de novilhos implantados.

		Tratamentos com implantes*					
Características	**Con**	**Syn Rev (50)**	**Ral Rev (50)**	**Mag Rev (50)**	**Syn Rev (75)**	**Ral Rev (75)**	**Mag Rev (75)**
Peso da carcaça (kg)	330,7	352,9	352,4	353,8	352,0	352,4	353,3
Área do olho do lombo (cm^2)	32,5	34,3	34,3	34,8	34,3	34,0	34,3
Espessura de gordura (cm)	1,2	1,3	1,3	1,3	1,3	1,4	1,3
Grau de rendimento	2,8	2,9	2,8	2,8	2,8	3,0	2,9

Fonte: Dolezal (1997).

* Con = controle não implantado; Syn = Synovex-S inicialmente; Ral = Ralgro inicialmente; Mag = Magnum inicialmente; Rev (50) = Revalor-S reimplantado após 50 dias; Rev (75) = Revalor-S reimplantado após 75 dias.

Sendo um grande produtor de bovinos de corte e considerando sua atual participação na Comunidade Econômica Europeia, Cota Hilton, Japão e Mercosul, o Brasil passa a ser um potencial exportador de carne. Entretanto, para que isso ocorra, é preciso seguir as exigências de exportação e ter um intenso e eficiente controle dos resíduos de agentes anabolizantes.

2. Agentes anabolizantes e hormônios

Hormônios são substâncias naturalmente sintetizadas pelo organismo e secretadas pelas glândulas endócrinas em pequenas quantidades. Os hormônios esteroides são produzidos pelas gônodas e pelo córtex das glândulas adrenais, são naturais e classificados por sua atividade como andrógenos, estrógenos e progestógenos.

Como exemplo de hormônios com atividade androgênica temos a testosterona, que é responsável pelos caracteres masculinos secundários, apresenta grande influência na síntese de proteínas e no crescimento dos músculos. O estradiol e a progesterona estão diretamente ligados à reprodução nas fêmeas, mas também presentes nos machos e influenciam a síntese de proteínas e o metabolismo do tecido adiposo (Lima et al., 1998). Na Tabela 4 temos a produção diária de hormônios pelos seres humanos.

Os promotores de crescimento podem ser divididos em esteróides naturais (estradiol 17ß, progesterona e testosterona), os xenobióticos

Tabela 4. Produção diária de hormônios por seres humanos.

	Estradiol 17ß ng/dia	Estrógeno total ng/dia	Progesterona ng/dia	Androgênio ng/dia
Menino	6.500	41.500	150.000	65.000
Homem	48.000	136.000	420.000	6.480.000
Menina	13.000	54.000	250.000	32.000
Mulher				
Fase folicular	82.000	192.000	420.000	
F. pré-ovulatória	695.000	1.192.000		
F. não específica				240.000
Menopausa	5.900	45.900	330.000	100.000
Mulher grávida				
Início gestação	2.000.000	4.000.000		
Meio gestação	10.800.000	19.600.000		
Final gestação	37.800.000	64.300.000	294.000.000	

Fonte: Lima et al. (1998).

(acetato de trembolona (TBA), acetato de melengestrol (MGA), zeranol, esteroides sintéticos (etiniloestradiol e metiltestosterona) e os estilbenes (dietilestilbestrol (DES) e hexoestrol) (Lima et al., 1998; Botts et al., 1997; Renaville et al., 1996).

O uso de alguns compostos, como a testosterona, o estradiol, a progesterona, o zeranol e o trembolona acetato, é permitido em alguns países, como Canadá, Austrália, Nova Zelândia, Argentina e Estados Unidos, enquanto a Comunidade Econômica Europeia proibiu a utilização de qualquer anabolizante a partir de 1976 (Botts et al., 1997). Na Tabela 5 encontram-se os anabolizantes mais utilizados nos Estados Unidos.

Tabela 5. Produtos comerciais aprovados pelo FDA (Estados Unidos).

Nome comercial	Recomendação de uso	Composição
Calfoid	Bezerros entre 45 dias e desmamando	10 mg benzoato estradiol + 100 mg progesterona
Compudose	Bois, bezerros e novilhas	24 mg estradiol
Finaplix-S	Bezerros desmamados e bois	140 mg TBA
Finaplix-H	Bezerros desmamados e novilhas	200 mg TBA
Forplix	Bois e novilhas	Zeranol + TBA
Implus-H	Bezerros desmamados e novilhas	20 mg benzoato estradiol + 200 mg testosterona
Implus-S	Bezerros desmamados e bois	20 mg benzoato estradiol + 200 mg progesterona
MGA	Novilhas	0,25-0,5 mg/dia MGA
Ralgro	Bois, novilhas e bezerros	36 mg zeranol
Ralgro (Magnum)	Bois, novilhas	72 mg zeranol
Revalor-G	Bois	40 mg TBA
Revalor-S	Bezerros desmamados e bois	24 mg estradiol + 120 mg TBA
Revalor-H	Bezerros desmamados e novilhas	14 mg estradiol + 140 mg TBA
Synovex-C	Bezerros entre 45 dias e desmamando	10 mg estradiol + 100 mg progesterona
Synovex-H	Bezerros desmamados e novilhas	20 mg benzoato estradiol + 200 mg testosterona
Synovex-S	Bezerros desmamados e bois	20 mg benzoato estradiol + 200 mg progesterona
Synovex Plus	Bezerros desmamados e bois	28 mg benz. estradiol + 200 mg TBA

Fonte: Botts et al. (1997); Griffin e Mader (1997); Lima et al. (1998); Raun e Preston (1997).

No Brasil, a partir de 24 de maio de 1991 (Portaria nº 51 – Ministério da Agricultura, Abastecimento e Reforma Agrária — Maara), foi proibida a importação, produção, comercialização e uso de substâncias naturais ou artificiais para fins de crescimento e/ou engorda de animais de abate, com permissão apenas para fins terapêuticos, sincronização do ciclo estral e preparação de doadores e receptores para a transferência de embriões. Em 15 de agosto de 1995 (Portaria nº 527 – Maara), houve uma adequação do Plano Nacional de Controle de Resíduos Biológicos em Produtos de Origem Animal (Nascimento, 1997).

3. Uso de anabolizantes × riscos à saúde

O mecanismo de ação dos agentes anabolizantes se dá por sua atuação na glândula pituitária, devendo atuar indiretamente nas células musculares, ao alterar as concentrações de outros hormônios anabólicos e catabólicos, como o hormônio de crescimento, a insulina, a prolactina, o tri-iodotironina e o corticosteroides (Heitzman, 1983). Estudos recentes evidenciam que os agentes anabolizantes provocam aumento das concentrações no plasma do hormônio do crescimento (GH), além de apresentarem maior número de receptores de GH de alta afinidade no fígado e maiores concentrações do fator de crescimento de fibroblastos (IGF-1) no fígado e no plasma (Rico, 1983; Trenkle, 1997).

Da quantidade de agentes anabolizantes administrada, apenas 1% fica presente no animal. As menores concentrações de resíduos são encontradas no músculo e gordura; as concentrações medianas estão presentes no fígado e nos rins; e as maiores concentrações se encontram na bile, na urina e nas fezes (Heitzman, 1983).

Segundo Rico (1983), os problemas de saúde relacionados com o uso de anabolizantes são devidos a seu efeito cumulativo, uma vez que são metabolizados e excretados ou levados pelos tecidos de forma livre e não biologicamente ativa (sobretudo nos ruminantes, em que as formas conjugadas são hidrolisadas por bactérias intestinais).

Para a avaliação, aprovação e fiscalização do uso dos anabolizantes, o FDA (Food and Drug Administration) segue as quantidades normalmente encontradas em alimentos e as produzidas diariamente pelos seres humanos. Nas Tabelas 6 e 7 temos as quantidades de estrógenos encontradas em alguns alimentos.

Comparando com a quantidade de hormônios ingeridos diariamente, por meio dos alimentos, a quantidade produzida pelo ser humano é muito maior (Tabela 6). Além disso, também existe a variação do resíduo de hormônios entre animais tratados e não tratados, entre sexos e fases de desenvolvimento dos animais. Nas Tabelas 8 e 9 são apresentadas essas diferenças de resíduos hormonais.

Tabela 6. Atividade estrogênica em diversos alimentos.

Alimento	Atividade estrogênica (ng) em 500 gramas de alimento
Óleo de soja	1.000.000
Repolho	12.000
Gérmen de trigo	2.000
Ervilha	2.000
Ovo	17.500
Sorvete	3.000
Leite	65
Carne de vaca prenhe	700
Boi implantado	11
Boi sem implante	8

Fonte: Raun e Preston (1997).

Tabela 7. Quantidade de estrógeno (ng) ingerida em cada refeição.

Alimento	Estrógenos (ng)	Total (%)
Sopa de ervilha (120 gr)	906	16
Salada de repolho (120 gr)	2.724	48
Bife magro (120 gr)	2,6	0,1
Batatas gratinadas (240 gr)	600	11
Leite integral (240 gr)	37,5	0,7
Sorvete (1 taça)	1.388	24,2
TOTAL	5.658	100

Fonte: Raun e Preston (1997).

Tabela 8. Concentração de testosterona no músculo e gordura de bovinos.

Tipo de animal	Músculo (ng/g)	Gordura (ng/g)
Macho inteiro (touro)	0,535	10,950
Novilha	0,092	0,250
Boi castrado	0,101	—
Vitelo (fêmea)	0,016	0,178
Vitelo (fêmea) tratada*	0,070	0,340

* Implante: 20 mg estradiol-17ß + 200 mg testosterona, 77 dias antes do abate.
Fonte: Lima et al. (1998).

Tabela 9. Concentração de progesterona no músculo e gordura de bois implantados e não implantados e novilhas prenhes.

Animal	Músculo (ng/g)	Gordura (ng/g)
Boi não implantado	0,27	2,48
Boi com 61 dias de implante*	0,41	3,40
Boi com 90 dias de implante*	0,44	3,67
Novilha prenhe	10,10	239,00

* Implante: 20 mg benzoato de estradiol + 200 mg progesterona.
Fonte: Lima et al. (1998).

4. Detecção de anabolizantes

Vários são os testes utilizados na detecção do uso de anabolizantes. Entre eles, temos o teste imunoenzimático (Elisa), o teste de radioimunoensaio (RIA), a cromatografia de alto desempenho (HPLC), a espectrometria de massa acoplada à cromatografia gasosa (CG/MS) e a cromatografia em camada delgada de alta eficiência (HPTLC).

O teste de Elisa é um método enzimático, baseado na propriedade que tem uma enzima fixada a um anticorpo, a um antígeno ou a um hapteno de transformar seu substrato incolor em um produto colorido, sendo então facilmente identificável (Alvarez, 1990; Guilhermino, 1988).

O RIA é um método de medida indireta de baixas concentrações de hormônios. Este teste se utiliza de reações antígeno-anticorpo em um tubo-teste (Dobson, 1983).

Espectrometria de massa (MS) é uma poderosa técnica analítica usada para identificar compostos desconhecidos, quantificar materiais conhecidos e elucidar as propriedades estruturais e químicas de moléculas. Cromatografia gasosa (CG) é amplamente usada para separar misturas na fase de gás ou vapor. A conexão da CG com a MS permite, na fase de vapor, entrar no espectrofotômetro, assim os componentes das misturas podem ser separados e analisados sequencialmente (Hewlett Packard, 1996).

O teste de cromatografia em camada delgada de alta eficiência (HPTLC) é um poderoso, confiável e eficiente método para análises qualitativas e quantitativas em que a detecção de esteroides ocorre em nível de ppb (partes por bilhão), sendo ideal como método confirmatório. Sua utilização é vasta, como identificação de produtos naturais, controle de qualidade, análises ambientais (pesticidas em água de consumo), pesquisa bioquímica (detecção de matrizes complexas), análises clínicas (monitoramento de drogas farmacêuticas, desordens metabólicas), densitometria etc. (Collins et al., 1993).

Programas de controle de resíduos em alimentos são estabelecidos em diversos países, seguindo normas regulamentares próprias e/ou recomendações da comissão do Codex Alimentarius (FAO/OMS). No Brasil, as normas seguidas são as recomendadas pelo Codex Alimentarius, em que as coletas de amostras suspeitas são feitas no momento do abate do animal (coleta de tecidos e fluidos corporais), ou nas propriedades rurais (fluidos corporais e fezes de animais vivos) ou ainda em portos de entrada dos produtos importados. No caso de as análises detectarem violação, o lote de animais ou carcaças será interditado até a realização de nova análise laboratorial que apresente resultado negativo, e o proprietário dos animais e/ou carcaças deverá pagar multa por infringir a lei. A partir de 1999 tornou-se crime hediondo o uso de anabolizantes no Brasil (Maara, 1994).

5. Uso de anabolizantes: cuidados a serem tomados

Em países onde os anabolizantes podem ser utilizados, os seguintes cuidados são observados:

Item	Considerações
Localização do implante (todos)	Apenas na orelha. Qualquer outra localização é uma violação à lei federal
Tempo de carência dos implantes (todos)	Nenhum antes do abate
Possibilidade de redução dos escores de marmoreio	Revalor-S, Revalor-H, Synovex Plus, Reimplante de Synovex-S
Bolição, prolapso vaginal e retal, desenvolvimento do úbere, sinais de estro	E2, EB/P E2, EB/T, ZER
Utilização em rebanhos de reposição para reprodução e animais leiteiros	Não usar (exceto Synovex-C e Ralgro em bezerros de corte para reposição)
Armazenamento (temperatura ambiente)	E2, ZER, EB/P, EB/T, EB/TBA
Armazenamento (refrigeração)	E2/TBA, TBA

Fonte: Boots et al. (1997).

6. Referências bibliográficas

ALVAREZ, R. H. Aplicações práticas da dosagem de progesterona no leite de vaca pelo teste imunoenzimático (Elisa). **Zootecnia**, 28(único): 15-23, 1990.

BOTTS, R.; ANDERSON, P.; DeHAAN, K. Growth stimulants: compounds, concentrations, combinations and regulations. In: Impact on Performance and Carcass Value of Beef Cattle, Oklahoma State University, 1997. **Symposium**. EUA: Oklahoma State University, 1997. p 10-14.

COLLINS, C. H.; BRAGA, G. L.; BONATO, P. S. **Introdução a métodos cromatográficos**. 5. ed. Editora da Unicamp, 1993. 279p.

DOLEZAL, H. G. Impact of implants on carcass yield grade traits and cutability. In: Impact on Performance and Carcass Value of Beef Cattle, Oklahoma State University, 1997. **Symposium**. EUA: Oklahoma State University, 1997. p. 155-166.

DOBSON, H. **A radioimmunoassay laboratory handbook with special reference to hormones of reproduction**. England: Liverpool University Press, 1983. 72p.

GRIFFIN, D. M.; MADER, T. **Beef cattle implant update**, 1997. http://www.ianr.unl.edu/pubs/Beef/g1324.htm: 8.

GUILHERMINO, M. M. Alguns aspectos da dosagem de progesterona em kits. **Zootecnia**, 26(2): 119-125, 1988.

HEITZMAN, R. J. The absorption, distribution and excretion of anabolic agents. **Journal of Animal Science**, 57(1): 233-238, 1983.

HEWLET PACKARD. **GC/MS - Espectrometria de massas acoplada à cromatografia de gases**, 1996, 21p.

LIMA, M. L. P.; LEME, P. R.; FREITAS, E. A. B.; MOURA, A. C. **Aditivos e promotores de crescimento na produção de bovinos de corte.** Nova Odessa: Instituto de Zootecnia, 1998. (Boletim Técnico, 39).

MAARA. Relatório apresentado pelos membros da comissão nominada pelo Ministério da Agricultura, do Abastecimento e Reforma Agrária pela Portaria nº 51, de 09/02/94, sobre o uso de promotores de crescimento hormonal em pecuária de corte. 130p.

NASCIMENTO, E. **Importância do controle de resíduos de agentes anabolizantes em carnes**. Campinas: Instituto de Tecnologia de Alimentos — Centro de Tecnologia de Carnes (apontamentos de curso), 1997.

PATTERSON, R. L. S.; SALTER, L. J. Anabolic agents and meat quality: a review. **Meat Science**, 14: 191-220, 1985.

RAUN, A. P.; PRESTON, R. L. History of hormonal modifier use. In: Impact on Performance and Carcass Value of Beef Cattle, Oklahoma State University, 1997. **Symposium.** EUA: Oklahoma State University, 1997. p. 1-9.

RENAVILLE, R.; MASSART, S.; PRANDI, A.; FAZZINI, U.; SINDIC, M.; NICOLAY, L.; FALAKI, M.; BURNY, A.; PORTETELLE, D. Aspects on the use of anabolic steroids in animal production. In: SCIENTIFIC CONFERENCE ON GROWTH PROMOTION IN MEAT PRODUCTION. **Anais**. Brussels, 1996. p. 63-86.

RICO, A. G. Metabolism of endogenous and exogenous anabolic agents in cattle. **Journal of Animal Science**, 57(1): 226-232, 1983.

SEWELL, H. B. **Growth stimulants** (implants). Agricultural Publication G02090, Department of Animal Sciences, University of Missouri-Columbia, 1993. http://muextension.edu/xplor/agguides/ansci/g02090.htm.

TRENKLE, A. Mechanisms of action of estrogens and androgens on performance of cattle — hormonal basis. In: Impact on Performance and Carcass Value of Beef Cattle, Oklahoma State University, 1997. **Symposium**. EUA: Oklahoma State University, 1997. p. 15-22.